"十三五"普通高等教育规划教材

高频电子线路

主　编　张培玲

副主编　徐周庆

参　编　李　辉　刘海波

机械工业出版社

本书重点介绍了高频电子线路中主要单元电路的基本原理和分析方法。全书共分为9章，分别为绪论、选频网络、高频小信号调谐放大器、高频调谐功率放大器、正弦波振荡器、频谱线性变换电路（振幅调制、解调与混频）、角度调制与解调、反馈控制电路、高频电子线路仿真软件 Multisim 简介。本书重点分析物理概念，尽量避免复杂的数学推导，侧重基本理论和基本电路分析，注重实用性，每章配有基本电路的 Multisim 仿真。

本书既可作为高等院校电子信息工程、通信工程、电子科学与技术、测控技术与仪器等专业本科生的教材，也可作为有关工程技术人员的参考书。

图书在版编目（CIP）数据

高频电子线路／张培玲主编 . —北京：机械工业出版社，2018.1
（2025.1 重印）
"十三五"普通高等教育规划教材
ISBN 978-7-111-58917-4

Ⅰ.①高…　Ⅱ.①张…　Ⅲ.①高频-电子电路-高等学校-教材
Ⅳ.①TN710.2

中国版本图书馆 CIP 数据核字（2018）第 003758 号

机械工业出版社（北京市百万庄大街 22 号　邮政编码　100037）
策划编辑：李馨馨　　责任编辑：李馨馨　韩　静
责任校对：张艳霞　　责任印制：单爱军

北京虎彩文化传播有限公司印刷

2025 年 1 月第 1 版·第 7 次印刷
184mm×260mm·12.75 印张·306 千字
标准书号：ISBN 978-7-111-58917-4
定价：39.80 元

前　　言

随着高科技产业的不断发展，电子技术应用范围不断拓展，各领域设备的复杂性和功能要求越来越高，使得对电子元器件的特性和器件参数的要求也越来越高，这使得"高频电子线路"课程的重要性更加突出。党的二十大报告为电子行业所属的新一代信息技术产业指明了发展方向，要以推动高质量发展为主题，构建新一代信息技术产业新的增长引擎。

"高频电子线路"是本科电子信息类专业一门重要的专业基础课程，也是一门理论性、工程性与实践性都很强的课程。因此，本书遵循通俗易懂的原则，尽量避免复杂烦琐的数学推导，着重物理概念阐述，从无线通信系统发射机、接收机的组成出发，系统地阐述了高频电子线路中主要功能单元电路的组成、基本工作原理与分析方法。同时，为增强学生的实践能力，在各章都附有相应的基于 Multisim 14 仿真软件的实用案例分析，使得基本电路更加形象地展现在学生面前，从而使学生不仅能掌握基本理论，还能对每个基本电路进行设计运用。

本书还将现有教材中分章节讲授的振幅调制电路、调幅信号的解调电路和混频电路这三部分电路合为一章，因为它们都属于频谱线性变换电路，并且实现原理相同，电路实现形式类似，合为一章有利于学生对比学习，从而掌握其理论本质。

本书最后一章给出了 Multisim 14 仿真软件使用方法介绍，以利于学生充分掌握每个基本功能电路的设计方法。

全书共分 9 章，即绪论、选频网络、高频小信号调谐放大器、高频调谐功率放大器、正弦波振荡器、频谱线性变换电路（振幅调制、解调与混频）、角度调制与解调、反馈控制电路、高频电子线路仿真软件 Multisim 14 简介。

本书可作为高等学校电子信息类及其相关专业的本科生教材，也可供有关专业研究生以及通信行业相关技术人员参考使用。

本书由河南理工大学物理与电子信息学院教师张培玲主编。具体分工为：张培玲编写了第 4~8 章并进行了统稿，徐周庆编写了第 1 章，刘海波编写了第 2、3 章，李辉编写了第 9 章。本书的顺利出版，要感谢河南理工大学的领导和老师给予的大力支持和帮助。

由于作者水平有限，书中难免存在不妥之处，请读者原谅，并提出宝贵意见。

对于采用本书作为教材的教师，我们将提供授课用电子课件、所有习题答案及 Multisim 14 仿真电路实例。请登录机械工业出版社网站（www.cmpedu.com）或通过 plzhang @ hpu. edu. cn 联系作者索取。

作　者

目　　录

第1章 绪 论

1.1 无线电信号传输原理

1.1.1 无线电通信发展历史

信息传输是人类社会生活的重要内容。作为信息传递的代表建筑——烽火台，第一次将人类带上了无线通信的发展道路，它以火和烟的形式，将信息传递给不断寻求文明进步的人们。无线电通信（Radio Communications）是将需要传送的声音、文字、数据、图像等电信号调制在无线电波上，经空间和地面传至对方，是利用无线电磁波在空间传输信息的通信方式。

1864 年英国物理学家麦克斯韦（James Clerk Maxwell）发表了《电磁场的动力理论》这一著名论文，总结了前人在电磁学方面的工作，提出了电磁辐射方程，从理论上证明了电磁波的存在，为无线电的发明和发展提供了理论依据。1876 年贝尔（Alexander Graham Bell）发明了电话，实现了直接将语言信号变为电能沿导线传输。1887 年德国物理学家赫兹（Heinrich Rudolf Hertz）用实验的方法证实了电磁波的存在，他的实验表明电磁波在自由空间以光速传播，而且会产生反射、折射、驻波等具有光波性质的现象。1895 年意大利马可尼（Gugliemo Marconi）利用电磁波在几百米的距离内进行了无线通信并取得了成功，1901年他又首次完成了跨越大西洋的无线通信，为无线电通信的实际应用建立了良好的开端，从此无线电通信进入了实用阶段。

1907 年李·得·福雷斯特（Lee de Forest）发明了电子管，用它可以组成具有放大、振荡、变频、调制、检波及波形变换等重要功能的电子管电路，为电子电路设计提供了重要器件。因此，电子管器件的出现是电子技术发展史上的第一个重要里程碑。

1948 年肖克莱（William Bradford Shockley）等科学家发明了晶体管，它在节能、体积与重量、稳定性及长寿命等方面远胜于电子管，因此晶体管的出现是电子技术发展史上的第二个重要的里程碑。从此晶体管成为电子电路设计的重要器件。

20 世纪 60 年代将"管""路"结合起来的集成电路和激光的发明，是电子和通信技术的第三个重要里程碑，无线电通信技术得到了进一步的发展。

20 世纪 80 年代，超大规模集成电路的发明，加速了现代通信系统和电子技术的发展。包括无线电通信技术在内的电子技术已与微电子技术、计算机技术紧密结合，并扩展到各个领域。

1.1.2 无线电信号的产生与发射

通信是指把信息从发送者传送到接收者的过程，而实现这一通信过程的全部技术设备和信道的总和称为通信系统。虽然通信系统种类很多，然而经过抽象和概括后均可用图 1-1

所示的基本组成框图表示。所以一个完整的通信系统应包括信息源、发送设备、信道、接收设备和收信装置五个部分，如图1-1所示。

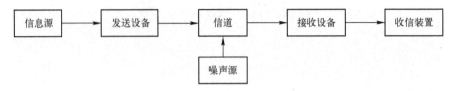

图1-1　通信系统组成框图

信息源是指要传送的原始信息，如文字、数据、语音、音乐、图像等，一般是非电量。对于非电量信号，经输入变送器变换为电信号。发送设备是将电信号变换为适于信道传输特性的信号的一种装置。接收设备的功能和发送设备相反，它是将信道传输后接收到的信号恢复成与发送设备输入信号一致的一种装置。收信装置是将电信号还原成原来的信息的装置，例如通过扬声器（俗称喇叭）或耳机还原成原来的声音信号（语音或音乐）。信道即传输信息的通道，或传输信号的通道。概括起来有两种，即有线信道和无线信道。有线信道包括架空明线、电缆、光缆等，无线信道可以是传输无线电波的自由空间，如地球表面的大气层、水、地层及宇宙空间等。噪声源是信道中的噪声及分散在通信系统中其他各处噪声的集中表示。

根据信息传输方式的不同，通信可以分为两大类：无线通信和有线通信。如果电信号是依靠电磁波传送的，称为无线通信；如果电信号是依靠架空明线、电缆、光缆等传送的，称为有线通信。

本课程主要学习和研究无线通信系统。无线通信系统是以自由空间为传输信道，把需要传送的原始信息（声音、文字或图像）变换成无线电波传送给接收者。那么如何产生无线电信号呢？首先需要高频率的载波电流，然后设法将需要传输的信息加载到载波上去，这个加载的过程就是调制的过程。在实际工作中需要传送的信号是多种多样的，例如代表话音的信号就是由许多不同频率的低频信号组成，根据要传送的信号是否要采用调制，可将通信系统分为基带传输和调制传输两大类。

基带传输是将基带信号直接传送，由于从消息变换而来的基带信号通常具有较低的频率（基带信号为低频信号，而载频为高频信号），大多不适于直接在信道中传输，而必须先经过调制。

调制就是在传送信号的一方即发送端，用待传送的信号（如话音信号）控制载波的幅度、频率或相位，使载波的幅度、频率或相位随要传送的对象信号而变，其中待传送的信号称为调制信号，调制后形成的信号称为已调信号。载波频率与相位不变，载波的幅度随着待传送的信号的变化规律变化，称为调幅（Amplitude Modulation，AM）。载波幅度不变，载波的瞬时频率随着待传送的信号的变化规律变化，称为调频（Frequency Modulation，FM）。载波幅度不变，载波的瞬时相位随着待传送的信号的变化规律变化，称为调相（Phase Modulation，PM）。如图1-2a所示为调幅信号波形，图1-2b所示为调频信号波形，图1-2c所示为调相信号波形。实际上，在调制的通信系统中，载波只起一个装载和运送信号的作用，相当于运载工具，而调制信号才是真正需要传送的对象。

2

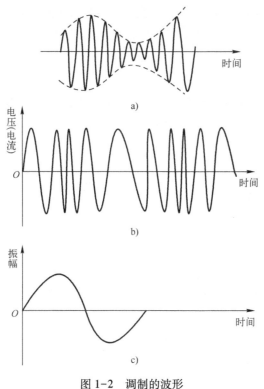

图 1-2 调制的波形

a) 调幅信号波形 b) 调频信号波形 c) 调相信号波形

下面以调幅发射机为例说明发射机的主要组成部分，如图 1-3 所示，它由高频、低频和电源三大部分组成。图 1-3 中绘出了各部分的波形图，可以使各方框的功能一目了然。

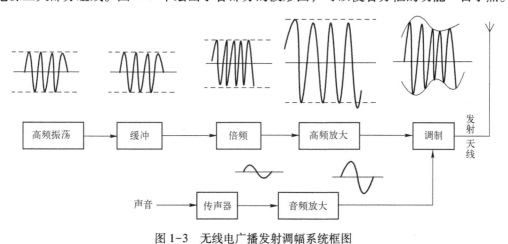

图 1-3 无线电广播发射调幅系统框图

高频部分一般包括主振荡器（即主振）、缓冲放大器、倍频器、高频放大器和调制器。主振荡器是由石英晶体振荡器产生频率稳定度高的载波。缓冲放大器实质上是一种吸收功率小、工作稳定的放大级，其作用是减弱后级对主振荡器的影响。倍频器可将载波频率提高到需要的频率值。高频放大器可提高发射机的输出功率。调制器的功能是使高频载波信号幅度按低频信号大小变化的幅度调制，然后经发射天线以电磁波的形式向远方辐射。

低频部分包括传声器（或拾音器、录音设备等）、低频电压放大器、低频功率放大器。这样将使低频电信号通过逐级放大获得所需的功率电平，然后对高频（载波）进行调幅。

1.1.3 无线电信号的接收

无线电信号的接收过程与发射过程相反。为了提高接收机的灵敏度和选择性，无线电接收设备目前都采用超外差式，其组成框图如图 1-4 所示。

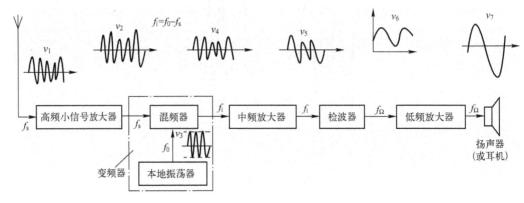

图 1-4　超外差式接收机组成框图

从接收天线收到的微弱高频调幅信号，经输入回路选频后，通过高频小信号放大器放大，送到混频器与本机振荡器所产生的等幅高频信号进行混频，在其输出端得到的波形包络形状与输入高频信号的波形相同，但频率由原来高频变为中频调幅信号，经中频放大后送到检波器，检出原调制的低频信号，然后经过低频放大，最后从扬声器还原成原来的声音信息（语音或音乐）。超外差式接收机的核心是混频器，其作用是将接收到的不同载波频率转变为固定的中频，这就要求本振频率始终比外来信号频率超出一个差频，这也是超外差式接收机名称的由来。因为中频是固定的，所以中频放大器的选择性和增益都较高，从而使整机的灵敏度和选择性较好。混频器和本地振荡器如果共用一个电子器件，则它们将合并为一个电路，称为变频器。

1.2 无线电波的频段划分及其传播特性

1.2.1 无线电波的频段划分

在无线通信中，信息是依靠高频无线电波来传递的。频率从几十 kHz 至几十 GHz 的电磁波都属于无线电波，其频率范围很宽。为了便于分析和应用，习惯上将无线电的频率范围划分为若干个区域，称为频段或波段。

无线电波在空间传播的速度（c）是 $3×10^8$ m/s。高频信号的频率 f(Hz) 与其波长 λ 的关系为

$$\lambda = \frac{c}{f} \tag{1-1}$$

表 1-1 列出了无线电波的波（频）段划分。无线电波按波长的不同划分为超长波、长

波、中波、短波、超短波（米波）、分米波、厘米波、毫米波等。其中米波和分米波有时合称为超短波。如果按频率的不同，可划分为甚低频、低频、中频、高频、甚高频、特高频、超高频、极高频等频段。应该指出，各波段的划分是相对的，因为各波段之间并没有显著的分界线。

表 1-1 无线电波的波（频）段划分及其用途

波段名称	波长范围	频段名称	频率范围	主 要 用 途
长波（LW）	$10^3 \sim 10^4$ m	低频（LF）	$30 \sim 300$ kHz	长距离点与点间的通信、船舶通信
中波（MW）	$10^2 \sim 10^3$ m	中频（MF）	$300 \sim 3000$ kHz	广播、船舶通信、飞行通信、船港电话
短波（SW）	$10 \sim 10^2$ m	高频（HF）	$3 \sim 30$ MHz	短波广播、军事通信
米波	$1 \sim 10$ m	甚高频（VHF）	$30 \sim 300$ MHz	电视、调频广播、雷达、导航
分米波	$1 \sim 10$ dm	特高频（UHF）	$300 \sim 3000$ MHz	电视、雷达、移动通信
厘米波	$1 \sim 10$ cm	超高频（SHF）	$3 \sim 30$ GHz	雷达、中继、卫星通信
毫米波	$1 \sim 10$ mm	极高频（EHF）	$30 \sim 300$ GHz	射电天文、卫星通信、雷达

1.2.2 无线电波的传播特性

无线电波传播特性指的是无线电信号的传播方式、传播距离、传播特点等。不同频段的无线电信号，其传播特性不同。无线通信的传输媒质是自由空间。电磁波从发射天线辐射出去后，经过自由空间到达接收天线的传播途径可以分为地面波、空间波和天波。

地面波是电波沿着地球的弯曲表面传播，如图1-5a所示。由于地球不是理想的导体，当电波沿其表面传播时，有一部分能量损耗了，并且频率越高，损耗越严重，传播距离就越短，因此频率较高的电磁波不宜采用地面波传播方式，通常只有中、长波范围的信号才采用。另外还应指出，由于地面的电性能在较短时间内的变化不会很大，因此这种电波沿地面的传播比较稳定。

在地球表面存在着具有一定厚度的大气层，由于受到太阳的照射，大气层上部的气体将发生电离而产生自由电子和离子，这一部分大气层叫作电离层。由于太阳辐射强度、大气密度及大气成分在空间分布是不均匀的，因此整个电离层形成层状结构。电离层能反射电波，对电波也有吸收作用，但对频率很高的电波吸收得很少。短波无线电波是利用电离层反射的最佳波段。对于 1.5～30 MHz 的电磁波，主要靠天空中电离层的折射和反射传播，称为天波，如图1-5b所示。电磁波到达电离层后，一部分能量被吸收，一部分能量被反射到地面。频率越高，被吸收的能量越小，电磁波穿入电离层也越深，当频率超过一定值后，电磁波就会穿透电离层传播到宇宙空间，而不再返回地面。因此频率更高的电磁波不宜用天波传播。30 MHz 以上的电磁波主要由发射天线直接辐射至接收天线，沿空间直线传播，称为空间波，如图1-5c所示。由于地球表面是一个曲面，因此发射和接收天线的高度将影响这种直射传播的距离。也就是说，空间波传播的距离受限于视距范围。发射和接收天线越高，所能进行通信的距离也越远。

从以上简述的电波的三种主要传播方式及其特点中可以看出，为了有效地传输信号，不同波段的信号所采用的主要传播方式是不同的。

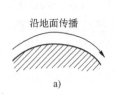 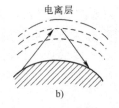 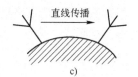

图 1-5 无线电波传播方式

1.3 非线性电路的基本概念

通常将由线性元器件组成的电子线路称为线性电子线路，而将含有非线性元器件的电子线路称为非线性电子线路。线性电路一般采用线性代数方程、线性微分方程来描述，而非线性电路则用非线性代数方程、非线性微分方程来描述。需要强调的是，通信系统中的电子线路通常是以半导体器件为核心的，半导体器件本质上是非线性元器件，但在实际应用中，根据工作状态的不同，有时是作为非线性元器件，而有时又可近似为线性元器件，这要视具体场合而定。

本书所研究的电子线路属于高频模拟电子线路，它主要由线性电路和非线性电路两大部分组成。对于线性电路，通常采用小信号等效电路分析法，与低频电子线路的区别仅是采用的参数不同。非线性电路是高频电子线路的重要组成部分，也是分析的难点所在，在通信技术领域应用非常广泛。因此，在分析高频电子线路之前. 有必要对非线性元器件特性和非线性电子线路的特点有一个初步的认识。

1.3.1 线性与非线性元器件电路

由线性或处于线性工作状态的元器件组成的电路称为线性电路，电路中只要有一个元器件是非线性的或处于非线性工作状态，就称为非线性电路。

非线性元器件与线性元器件的主要差别在于其工作特性是非线性的，它的参数不是一个常数，其值会随外加电压或通过的电流大小而变化。常用的电阻、平板电容和空心电感线圈等都是线性元器件，而各种二极管、晶体管等电子元器件都是非线性元器件。如图 1-6 所示为线性电阻和非线性电阻的伏安特性曲线，由图 1-6a 可见，线性电阻的伏安特性是一条通过坐标原点的直线，即流过电阻的电流 i 与加在电阻两端的电压 v 成正比，故由 $G=I/V$（电导）或它的倒数 R（电阻）来表示，其值为常数。由图 1-6b 可知，非线性电阻的伏安特性曲线是非线性的，即通过非线性电阻的电流 i 与加在其上的电压 v 不成正比，其电导值与外加电压 v 或通过电流 i 的大小有关。对于非线性元器件还必须引入一些其他参数（如交流电导 $g=\Delta i/\Delta v$ 等），才能比较完整地反映其特性。

如图 1-7 所示，若令非线性元器件工作在静态工作点 Q 处，即其两端所加直流工作电压为 V_Q，同时加上振幅较大的正弦交流电压 v_1，则通过该元器件的电流 i_1 波形为一非正弦波，如图 1-7 所示，对电流 i_1 进行傅里叶级数分解后会出现直流、基波和各次谐波分量，可见输出电流中出现了原有信号中没有的频率分量，即非线性元器件可产生新的频率分量，具有变频功能。若加于非线性元器件上的交流电压很小，如图 1-7 所示的 v_2，此时通过该元器件的电流 i_2 接近正弦波，即当作用信号很小且工作点取得合适时，对信号而言，非线性元器件近似处于线性工作状态，可当作线性元器件。例如，二极管、晶体管在小信号作用下，在直流工作点 Q 处可近似作为线性元器件，线性电子线路的分析正是以此为基础的。

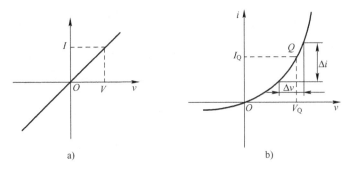

图 1-6　线性与非线性电阻伏安特性曲线

a）线性电阻　b）非线性电阻

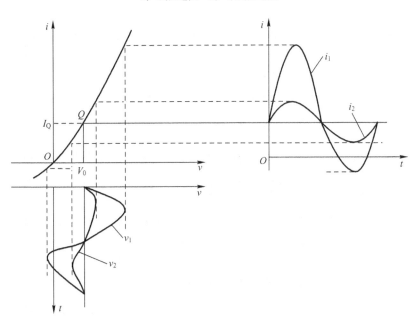

图 1-7　非线性元器件在不同正弦电压作用下的电流波形

1.3.2　非线性电路的特点

非线性电路与线性电路相比，具有以下几方面的特点：

1）非线性电路不具有叠加性，不能用叠加原理进行分析。设非线性元器件的特性为

$$i = av^2 \tag{1-2}$$

式中，a 为常数。在此非线性元器件上同时加上两个交流电压 v_1 和 v_2，则由式（1-2）可得

$$i = a(v_1 + v_2)^2 = av_1^2 + av_2^2 + 2av_1v_2 \tag{1-3}$$

若此非线性元器件满足叠加定理，则得

$$i = av_1^2 + av_2^2 \tag{1-4}$$

显然式（1-3）与式（1-4）不相等，在式（1-3）增加了两个电压相乘而产生的电流，正

是因为出现了两个电压相乘项，才使得非线性电路有了诸如调制、解调和混频等更多的电路功能。

2）在稳定状态下，非线性电路输出变量中含有输入变量中不具有的频率分量，即信号通过非线性电路后可以产生出新的频率成分。

若令 $v_1 = V_{1m}\cos(\omega_1 t)$，$v_2 = V_{2m}\cos(\omega_2 t)$，代入式（1-3）中，则得

$$i = aV_{1m}^2\cos^2(\omega_1 t) + aV_{2m}^2\cos^2(\omega_2 t) + 2aV_{1m}V_{2m}\cos(\omega_1 t)\cos(\omega_2 t)$$

$$= \frac{1}{2}aV_{1m}^2[1+\cos(2\omega_1 t)] + \frac{1}{2}aV_{2m}^2[1+\cos(2\omega_2 t)] +$$

$$aV_{1m}V_{2m}[\cos(\omega_1+\omega_2)t + \cos(\omega_1-\omega_2)t]$$

$$= \frac{1}{2}a(V_{1m}^2+V_{2m}^2) + aV_{1m}V_{2m}[\cos(\omega_1+\omega_2)t + \cos(\omega_1-\omega_2)t] +$$

$$\frac{1}{2}aV_{1m}^2\cos(2\omega_1 t) + \frac{1}{2}aV_{2m}^2\cos(2\omega_2 t) \tag{1-5}$$

如式（1-5）所示，输出电流中除了直流成分 $\frac{1}{2}a(V_{1m}^2+V_{2m}^2)$ 外，还增加了两个频率的二次谐波分量 $2\omega_1$、$2\omega_2$ 以及两个频率的和 $(\omega_1+\omega_2)$、差 $(\omega_1-\omega_2)$ 频率分量。这些频率都是输入信号中没有的，这说明非线性元器件具有频率变换作用。

3）处于非线性状态工作的有源元器件，如晶体管、场效应晶体管等，它们的输出响应与元器件工作点的选取和输入信号的大小有关。

非线性电路可采用图解法和解析法进行分析，但在实际电路中，常采用工程近似解析法。所谓工程近似解析法，就是根据工程实际情况，对元器件的数学模型和电路工作条件进行合理的近似，列出电路方程，从而解得电路中的电流和电压，获得具有实用意义的结果。工程近似解析法的精度虽然比较差，但它有助于了解电路工作的物理过程，并能对电路性能做出粗略的估算。不同的非线性元器件特性不同，即使同一个非线性元器件，也由于其工作状态不同，它们的近似数学表达式也不同。因此，工程近似解析法的关键，是如何写出比较好地反映非线性元器件特性的数学表达式。在非线性电路中，常采用折线、幂级数和开关函数等表达式，这将在后面各章中分别加以讨论。

习题

1. 画出无线电广播发射调幅系统的组成框图以及各框图对应的波形。

2. 画出超外差式调幅收音机的原理示意框图及各框图对应的波形，并简要叙述其工作原理。

3. 无线通信中为什么要进行调制与解调？它们的作用是什么？

第 2 章 选 频 网 络

选频网络在高频电子线路中应用十分广泛，它既能够选出人们需要的频率分量，又能够滤除不需要的频率分量，因此掌握各种选频网络的特性及分析方法是很重要的。通常，在高频电子线路中应用的选频网络分为两大类。第一类是由电感和电容元件组成的振荡回路（也称谐振回路），它又可分为单振荡回路及耦合振荡回路；第二类是各种滤波器，如石英晶体滤波器、陶瓷滤波器和声表面波滤波器等。

2.1 串联谐振回路

2.1.1 谐振现象及特性

串联谐振回路由电感 L、电容 C、外接信号源串联而成，如图 2-1 所示。此处 R_0 通常是指电感线圈的损耗，电容的损耗可以忽略不计。

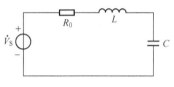

图 2-1 串联谐振回路

研究上述电路的阻抗 Z，由图 2-1 可知

$$Z = R_0 + j\left(\omega L - \frac{1}{\omega C}\right) = |Z| e^{j\varphi} \tag{2-1}$$

$$|Z| = \sqrt{R_0^2 + \left(\omega L - \frac{1}{\omega C}\right)^2} \tag{2-2}$$

$$\varphi = \arctan \frac{\omega L - \dfrac{1}{\omega C}}{R_0} \tag{2-3}$$

回路的电抗 $X = \omega L - \dfrac{1}{\omega C}$。

回路的电流

$$\dot I = \frac{\dot I_S}{Z} = \frac{\dot V_S}{R_0 + j\left(\omega L - \dfrac{1}{\omega C}\right)} \tag{2-4}$$

当外加信号频率 ω_0 使得串联谐振回路的总电抗为 $X(\omega_0) = \omega_0 L - \dfrac{1}{\omega_0 C} = 0$ 时，称此时回路发生了谐振。此时的频率 ω_0 称为谐振回路的谐振频率，即串联谐振回路的谐振频率为

$$\omega_0 = \frac{1}{\sqrt{LC}}, \quad f_0 = \frac{1}{2\pi\sqrt{LC}} \tag{2-5}$$

在实际应用中，外加信号的频率往往是确定的，此时可以通过改变回路电感 L 或电容 C，使回路达到谐振。这就是回路对外加电压的频率调谐，此时的回路称为调谐回路。此时 $|Z|_{f=f_0} = R = $ 最小。

回路的电流则达到最大值，且与外加电压 $\dot{V}_\mathrm{S}$ 同相，有

$$\dot{I}_0 = \dot{I}_{\max} = \frac{\dot{V}_\mathrm{S}}{R_0} \tag{2-6}$$

若 R_0 很小，则此时的电流将很大，这是串联谐振的特征。

当 $\omega < \omega_0$ 时，$\omega L < \dfrac{1}{\omega C}$，$X < 0$，串联谐振回路阻抗是容性的，$\varphi < 0$。

当 $\omega > \omega_0$ 时，$\omega L > \dfrac{1}{\omega C}$，$X > 0$，串联谐振回路阻抗是感性的，$\varphi > 0$。

当 $\omega = \omega_0$ 时，$\omega L = \dfrac{1}{\omega C}$，$X = 0$，串联谐振回路阻抗是纯阻性的，$\varphi = 0$。

根据上面的讨论，可以得出当外加电压 $\dot{V}_\mathrm{S}$ 为常数时，在谐振时，$Z = R_0$，$\varphi = 0$，电路的电流达到最大值；在谐振点及其附近，电路电阻 R_0 是决定电流大小的主要因素；但当频率远离谐振点时，电路电流的大小几乎和电阻 R_0 的大小没什么关系。根据式（2-4）可以绘出不同 R_0 值时的电流与频率的关系曲线，如图 2-2 所示。由图可知，Q 越高，谐振时的电流越大，曲线越尖锐。在远离谐振频率时，电流的大小几乎相等，R_0 对它们的影响很小。

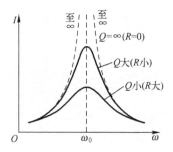

图 2-2　外加电压为常数时，Q（或 R）对 I—ω 曲线的影响

2.1.2　品质因数与能量关系

由于回路谐振时，回路的感抗值和容抗值相等，所以把回路谐振时的感抗值（或容抗值）与回路的损耗电阻 R_0 之比称为回路的品质因数，以 Q 表示，简称为 Q 值，则有

$$Q = \frac{\omega_0 L}{R_0} = \frac{1}{\omega_0 C R_0} = \frac{1}{R_0}\sqrt{\frac{L}{C}} \tag{2-7}$$

值得注意的是，式（2-7）对并联回路及串联回路都适用。另外，品质因数 Q 实际上反映了 LC 谐振回路在谐振状态下存储能量与损耗能量的比值。利用回路电感 L 或电容 C 存储的最大能量与回路电阻损耗的平均能量的比，也可得到与式（2-7）相同的结果。

现在从能量的观点分析串联振荡回路在谐振时的性质。设谐振时电流为

$$i = I_0 \sin\omega t$$

则电容 C 上的电压为

$$v_C = \frac{1}{C}\int i\,\mathrm{d}t = \frac{1}{\omega C}I_0\sin(\omega t - 90°) = -V_C\cos\omega t$$

因此，电感内存储的瞬时能量（磁能）为

$$w_L = \frac{1}{2}Li^2 = \frac{1}{2}LI_0^2\sin^2\omega t \qquad (2-8)$$

电容内存储的瞬时能量（电能）为

$$w_C = \frac{1}{2}Cv_C^2 = \frac{1}{2}CV_C^2\cos^2\omega t \qquad (2-9)$$

电容 C 上存储的瞬时能量最大值为

$$\frac{1}{2}CV_C^2 = \frac{1}{2}CQ^2V_s^2 = \frac{1}{2}C\frac{\omega_0^2L^2}{R_0^2}V_s^2 = \frac{1}{2}LI_0^2$$

它恰好和电感上存储的瞬时能量最大值相等。图 2-3 表示电感 L、电容 C 所存储的能量 w_L、w_C 随时间变化的情况。

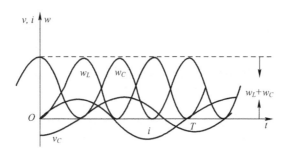

图 2-3　串联谐振回路中的能量关系

谐振电路电感 L 及电容 C 上存储的瞬时能量的和为

$$\omega = \omega_L + \omega_C = \frac{1}{2}LI_0^2\sin^2\omega t + \frac{1}{2}LI_0^2\cos^2\omega t = \frac{1}{2}LI_0^2 \qquad (2-10)$$

由式（2-10）可知，ω 是一个不随时间变化的常数。这说明回路中存储的能量保持不变，只是在电感线圈与电容之间相互转换。在回路谐振时，电感线圈中的磁能与电容中的电能周期性地转换着。电抗元件不消耗外加电动势的能量，外加电动势只提供回路电阻所消耗的能量，以维持回路中的等幅振荡，所以谐振时回路中的电流达到最大值。

谐振时电阻 R_0 上消耗的平均功率为

$$P_R = \frac{1}{2}I_0^2R_0$$

每一周期 T 时间内，电阻上消耗的平均能量为

$$w_R = P_RT = \frac{1}{2}I_0^2R_0\frac{1}{f_0}$$

回路存储能量（$\omega_L + \omega_C$）与每周期内所消耗的能量 w_R 之比为

$$\frac{\omega_L + \omega_C}{\omega_R} = \frac{\frac{1}{2}LI_0^2}{\frac{1}{2}R_0I_0^2\frac{1}{f_0}} = \frac{f_0L}{R_0} = \frac{1}{2\pi}\frac{\omega_0L}{R_0} = \frac{Q}{2\pi}$$

$$或\ Q = 2\pi\frac{回路存储能量}{每周期消耗能量} \qquad (2-11)$$

式（2-11）就是 Q 值的物理意义。

2.1.3　谐振曲线与通频带

回路电流幅值与外加电压频率之间的关系曲线称为谐振曲线。实际应用时一般研究归一化的谐振曲线，即回路电流与谐振时的最大幅值之比的曲线，由式（2-4）可推导出

$$\frac{\dot{I}}{\dot{I}_{max}}=\frac{1}{1+jQ\left(\dfrac{\omega}{\omega_0}-\dfrac{\omega_0}{\omega}\right)}\approx\frac{1}{1+j\xi} \tag{2-12}$$

归一化电流的模为

$$\frac{I}{I_{max}}=\left|\frac{\dot{I}}{\dot{I}_{max}}\right|=\frac{1}{\sqrt{1+\xi^2}} \tag{2-13}$$

电流的相角为

$$\varphi=-\arctan\xi \tag{2-14}$$

根据式（2-13）可以绘出图 2-4 所示的串联谐振回路的电流谐振曲线。Q 值越高，曲线越尖锐，偏离谐振的信号衰减越大。

信号偏离谐振回路的谐振频率 f_0 时，谐振回路的幅

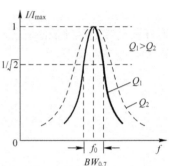

图 2-4　串联谐振回路的谐振曲线

频特性下降为最大值的 $1/\sqrt{2}$（约为 0.7）时对应的频率范围，称为通频带，用 $BW_{0.7}$ 表示。由 $\dfrac{1}{\sqrt{1+\xi^2}}=1/\sqrt{2}$，可推得 $\xi=\pm1$，从而可得带宽为

$$BW_{0.7}=2\Delta f_{0.7}=\frac{f_0}{Q} \tag{2-15}$$

由式（2-15）可见，通频带与回路 Q 值成反比。因此，谐振回路的品质因数越大，通频带越窄。

2.1.4　信号源内阻及负载对谐振回路的影响

当考虑信号源内阻 R_S 与负载电阻 R_L 后，电路总电阻为 $R_0+R_S+R_L$，因而串联回路谐振时的等效品质因数 Q_L 为

$$Q_L=\frac{\omega_0 L}{R_0+R_S+R_L} \tag{2-16}$$

可见 R_S+R_L 的作用是使回路 Q 值降低，因而谐振曲线变钝。在极限情况下，当信号源是恒电流源时，R_S 与 V_S 均趋于无限大，但二者之比却为定值。此时电路的 Q 值降为零，谐振曲线成为一条水平直线，完全失去了对频率的选择能力。图 2-5 即表示信号源内阻 R_S 对谐振曲线的影响。

由此可知，串联谐振回路适用于信号源内阻等于零或很小的情况（恒压源），若信号源内阻很大，采用串联谐振回路将严重降低回路的品质因数，使串联

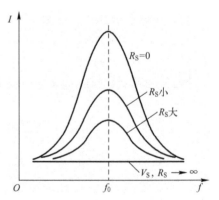

图 2-5　信号源内阻对谐振曲线的影响

谐振回路的通频带过宽，选择性显著降低。因此在谐振放大器中，放大器的谐振回路负载主要采用并联方式。

2.2　并联谐振回路

2.2.1　谐振现象及特性

并联谐振回路由电感 L、电容 C 与外接信号源并联而成，如图 2-6 所示。回路的电容损耗忽略不计，电感线圈的损耗以并联电阻 R_0 的形式出现。

分析并联谐振回路采用导纳法比较方便。设外接信号源的角频率为 ω，由电路理论，得回路的等效导纳为

$$Y = G_0 + \mathrm{j}\left(\omega C - \frac{1}{\omega L}\right) \tag{2-17}$$

式中，电导 $G_0 = \dfrac{1}{R_0}$。

写成指数形式为

$$Y = |Y|\mathrm{e}^{\mathrm{j}\varphi} \tag{2-18}$$

式中，等效导纳的模为

$$|Y| = \sqrt{G_0^2 + \left(\omega C - \frac{1}{\omega L}\right)^2} \quad （单位为 S） \tag{2-19}$$

导纳角为

$$\varphi = \arctan \frac{\omega C - \dfrac{1}{\omega L}}{G_0} \quad （单位为 rad） \tag{2-20}$$

在实际中，有时用阻抗形式比较方便，故

$$|Z| = \frac{1}{|Y|} = \frac{1}{\sqrt{G_0^2 + \left(\omega C - \dfrac{1}{\omega L}\right)^2}} \tag{2-21}$$

并联谐振回路的阻抗特性曲线如图 2-7 所示。由图可知，当 $\omega L = \dfrac{1}{\omega C}$ 时，得

$$\omega = \omega_0 = \frac{1}{\sqrt{LC}} \tag{2-22}$$

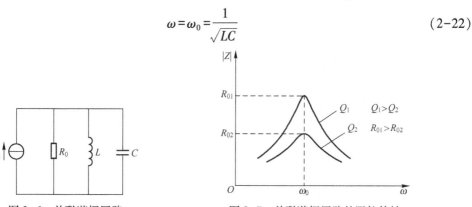

图 2-6　并联谐振回路　　　　图 2-7　并联谐振回路的阻抗特性

回路处于谐振状态。此时，回路导纳最小，阻抗最大，回路呈现为纯电阻。回路谐振时的 R_0 也称为谐振电阻，ω_0 称为谐振角频率。

由上所述，当回路谐振时

$$\omega_0 L = \frac{1}{\omega_0 C} = \frac{\sqrt{LC}}{C} = \sqrt{\frac{L}{C}} \tag{2-23}$$

$\sqrt{L/C}$ 称为谐振回路的特性阻抗。

2.2.2　品质因数与能量关系

在谐振回路中，常常引入回路的品质因数这一参数，可以非常方便地反映出谐振特性的情况。并联谐振回路的品质因数是由回路谐振电阻与特性阻抗的比值定义的，即

$$Q = \frac{R_0}{\sqrt{L/C}} = \frac{R_0}{\omega_0 L} = R_0 \omega_0 C \tag{2-24}$$

由式（2-21）推导可得

$$|Z| = \frac{1}{|Y|} = \frac{R_0}{\sqrt{1 + Q^2 \left(\dfrac{f}{f_0} - \dfrac{f_0}{f} \right)^2}} \tag{2-25}$$

由式（2-24）可知，并联谐振回路中 Q 值包含了回路三个元件的参数（R_0、L、C），反映了三个参数对回路特性的影响，是描述回路特性的综合参数。回路的 R_0 越大，Q 值越大，阻抗特性曲线越尖锐；反之，R_0 越小，Q 值越小，阻抗特性曲线越平坦，如图 2-7 所示。

2.2.3　谐振曲线与通频带

端接恒流源 $\dot{I}_S$ 时，并联谐振回路两端的电压为 $\dot{V} = \dot{I}_S Z_p$，谐振时端电压达最大值 $\dot{V}_{max} = \dot{I}_S r_p$，而电容和电感中的电流为

$$\dot{I}_C = \mathrm{j}\omega_0 C \dot{V}_{max} = \mathrm{j}\omega_0 C r_p \dot{I}_S = \mathrm{j}Q \dot{I}_S$$

$$\dot{I}_L = \frac{\dot{V}_{max}}{\mathrm{j}\omega_0 L} = -\mathrm{j}\frac{r_p}{\omega_0 L} \dot{I}_S = -\mathrm{j}Q \dot{I}_S \tag{2-26}$$

式（2-26）表明：谐振时，并联谐振回路电容和电感中的电流幅度比端口电流大 Q 倍。

根据式（2-21），可导出并联谐振回路两端的归一化电压幅度频率特性，即

$$\frac{V}{V_{max}} = \frac{1}{\sqrt{1 + \xi^2}} \tag{2-27}$$

式（2-27）与串联谐振回路的电流频率特性相同，电压谐振曲线如图 2-8 所示。通频带表达式也相同：

$$BW_{0.7} = 2\Delta f_{0.7} = \frac{f_0}{Q} \tag{2-28}$$

同样，Q 值越高，谐振曲线越尖锐，通频带越窄。

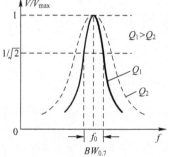

图 2-8　并联谐振回路的电压谐振曲线

串联回路在谐振时，通过电流最大；并联回路在谐振时，两端电压最大。在实际选频应用时，串联回路适合与信号源和负载串联，使有用信号通过回路有效地传送给负载；并联回路适合与信号源和负载并联，使有用信号在负载上的电压振幅最大。

2.2.4 信号源内阻及负载对谐振回路的影响

前面对谐振回路的讨论都没有考虑信号源和负载，下面分析信号源和负载对谐振回路的影响。

考虑负载 R_L 和信号源内阻 R_S 时，并联谐振回路如图 2-9 所示。由图可知，当 R_S、R_L 接入回路时，不影响回路的谐振频率，仍为 $\omega_0 = \dfrac{1}{\sqrt{LC}}$。而回路的品质因数为

$$Q_L = \frac{R_\Sigma}{\omega_0 L} = \frac{1}{G_\Sigma \omega_0 L} = \frac{1}{\omega_0 L (G_0 + G_S + G_L)} \tag{2-29}$$

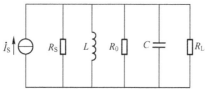

图 2-9 带信号源内阻和负载的并联谐振回路

式中

$$R_\Sigma = R_0 /\!/ R_S /\!/ R_L$$

$$G_0 = \frac{1}{R_0}, \quad G_S = \frac{1}{R_S}, \quad G_L = \frac{1}{R_L}$$

回路的总电导为

$$G_\Sigma = G_0 + G_S + G_L$$

由于 $G_\Sigma > G_0$，可见 Q_L 相对于回路本身的品质因数 $Q_0 = \dfrac{1}{\omega_0 L G_0}$ 减小了。为了区分这两种情况下的 Q 值，把没有接信号源内阻和负载时回路本身的 Q 值称为无载或空载 Q 值，用 Q_0 表示。把计入信号源内阻和负载的 Q 值称为有载 Q 值，用 Q_L 表示。很显然，$Q_L < Q_0$，有载时，电路通频带比无载时要宽，选择性要差。

在实际问题中，常遇到已知 Q_0 求 Q_L，或给定 Q_L 计算 Q_0 的情况。为此需要求得 Q_0 与 Q_L 的关系式，即

$$\frac{Q_L}{Q_0} = \frac{G_0}{G_0 + G_S + G_L} = \frac{1}{1 + \dfrac{G_S}{G_0} + \dfrac{G_L}{G_0}} = \frac{1}{1 + \dfrac{R_0}{R_S} + \dfrac{R_0}{R_L}}$$

$$Q_L = \frac{Q_0}{1 + \dfrac{R_0}{R_S} + \dfrac{R_0}{R_L}} \tag{2-30}$$

这表明，回路并联接入的 R_S、R_L 越小，Q_L 较 Q_0 下降越多。Q_L 下降，通频带加宽，选择性变差。另外，实际信号源内阻和负载并不一定都是纯电阻，也可能有电抗成分（一般是容性）。在低频电路中，电抗成分一般可忽略，但在高频电路中就要考虑它对谐振回路的影响。

2.3 串、并联阻抗等效互换与谐振回路的接入方式

2.3.1 串、并联阻抗等效互换

为了分析电路的方便，常需进行串、并联等效阻抗的互换，如图 2-10 所示。其中 X_1 为电抗（纯电感或纯电容元件），R_x 为 X_1 的损耗电阻，R_1 为与 X_1 串联的外接电阻；X_2 为等效互换后的电抗元件，R_2 为转换后的电阻。

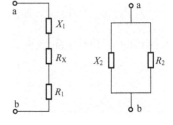

图 2-10　串、并联阻抗的等效互换

等效互换的原则是：等效互换前的电路与等效互换后的电路阻抗相等，即

$$(R_1+R_x)+jX_1 = \frac{R_2(jX_2)}{R_2+jX_2} = \frac{R_2X_2^2}{R_2^2+X_2^2}+j\frac{R_2^2X_2}{R_2^2+X_2^2} \tag{2-31}$$

所以有

$$R_1+R_x = \frac{R_2X_2^2}{R_2^2+X_2^2} \tag{2-32}$$

$$X_1 = \frac{R_2^2X_2}{R_2^2+X_2^2} \tag{2-33}$$

由于等效互换前后回路的品质因数应相等，即

$$Q_1 = \frac{X_1}{R_1+R_x} = Q_2 = \frac{R_2}{X_2} \tag{2-34}$$

由式（2-32），并利用式（2-34），可得

$$R_1+R_x = \frac{R_2}{1+\left(\dfrac{R_2}{X_2}\right)^2} = \frac{R_2}{1+Q_1^2} \tag{2-35}$$

所以

$$R_2 = (R_1+R_x)(1+Q_1^2) \tag{2-36}$$

同理，由式（2-33），并利用式（2-34），可得

$$X_2 = X_1\left(1+\frac{1}{Q_1^2}\right) \tag{2-37}$$

一般来说，Q_1 总是比较大的，当 $Q_1 \geqslant 10$ 时，由式（2-36）和式（2-37）可得

$$R_2 \approx (R_1+R_x)Q_1^2, \quad X_2 \approx X_1 \tag{2-38}$$

式（2-38）的结果表明：串联电路转换成等效并联电路后，X_2 的电抗特性与 X_1 的相同。当 Q_1 较大时，$X_2=X_1$ 基本不变，而 R_2 是（R_1+R_x）的 Q_1^2 倍。

2.3.2 谐振回路的接入方式

上述谐振回路中，信号源和负载都是直接并在 L、C 元件上，因此存在以下三个问题：第一，谐振回路 Q 值大大下降，一般不能满足实际要求；第二，信号源和负载电阻常常是不相等的，即阻抗不匹配，当相差较大时，负载上得到的功率可能很小；第三，信号源输出电容和负载电容影响回路的谐振频率，在实际问题中，R_S、R_L、C_S、C_L 给定后，不能任意改动。解决这些问题的途径是采用阻抗变换的方法，使信号源或负载不直接并入回路的两端，而是经过一些简单的变换电路，把它们折算到回路两端。通过改变电路的参数，达到要求的回路特性。下面以负载的连接为例，介绍几种阻抗变换电路。

1. 互感变压器接入方式

互感变压器接入电路如图 2-11 所示。变压器的一次线圈就是回路的电感线圈，二次线圈接负载 R_L。设一次线圈匝数为 N_1，二次线圈匝数为 N_2，且一次侧、二次侧耦合很紧，损耗很小。根据等效前后负载上得到功率相等的原则，可得到等效后的负载电阻 R'_L。

设图 2-11 中 1-1′处电压为 V_1，2-2′处电压为 V_2，等效前负载 R_L 上得到的功率为 P_1，等效后负载 R'_L 上得到的功率为 P_2。由 $P_1 = P_2$，即

$$\frac{V_2^2}{R_L} = \frac{V_1^2}{R'_L}$$

得

$$\frac{R'_L}{R_L} = \left(\frac{V_1}{V_2}\right)^2$$

又因为

$$\left(\frac{V_1}{V_2}\right)^2 = \left(\frac{N_1}{N_2}\right)^2$$

得

$$R'_L = \left(\frac{N_1}{N_2}\right)^2 R_L \tag{2-39}$$

变换后的等效回路如图 2-12 所示。此时回路的品质因数为

$$Q_L = \frac{R_\Sigma}{\omega_0 L} \tag{2-40}$$

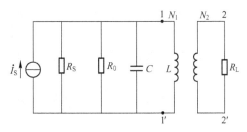

图 2-11　互感变压器接入电路

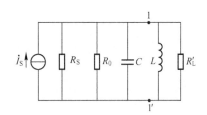

图 2-12　互感变压器接入电路的等效电路

式中，

$$R_\Sigma = \frac{R_S R_0 R'_L}{R'_L(R_S + R_0) + R_0 R_S}$$

若选 $N_1/N_2 > 1$，则 $R_L' > R_L$，可见通过互感变压器接入方法可提高回路的 Q_L 值。

另外，电路等效后，谐振频率不变，仍为 $\omega_0 = 1/\sqrt{LC}$。

2. 自耦变压器接入

自耦变压器接入电路如图 2-13 所示。回路总电感为 L，电感抽头接负载 R_L。设电感线圈 1-3 端的匝数为 N_1，抽头 2-3 端的匝数为 N_2。对于自耦变压器来说，等效折算到 1-3 端的 R_L' 所得功率应与原回路 R_L 得到的功率相等。推导方法与上述互感变压器接入方法一样，可得到等效后的负载阻抗 R_L' 如下：

$$R_L' = \left(\frac{N_1}{N_2}\right)^2 R_L \tag{2-41}$$

由于 $N_1/N_2 > 1$，所以 $R_L' > R_L$。例如，$R_L = 1\,\text{k}\Omega$，$(N_1/N_2)^2 = 4$，则 $R_L' = 4\,\text{k}\Omega$。此结果表明，如果将 $1\,\text{k}\Omega$ 电阻直接接到 1-3 端对回路影响较大，若接到 2-3 端再折算到 1-3 端就相当于接入一个 $4\,\text{k}\Omega$ 的电阻，它对回路的影响减弱了。折算后的等效电路如图 2-14 所示，由图可知，回路的谐振频率为 $\omega_0 = 1/\sqrt{LC}$，回路的品质因数为

$$Q_L = \frac{R_\Sigma}{\omega_0 L} \tag{2-42}$$

式中，

$$R_\Sigma = \frac{R_S R_0 R_L'}{R_L'(R_S + R_0) + R_0 R_S}$$

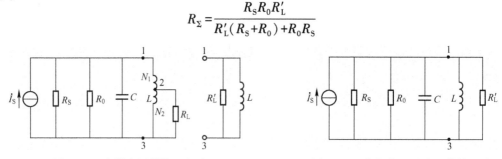

图 2-13　自耦变压器接入电路　　　　图 2-14　自耦变压器接入等效电路

由以上讨论可知，自耦变压器接入也起到了阻抗变换作用。这种方法的优点是绕制简单，缺点是回路与负载有直流回路。需要隔直流时，这种回路不能用。

3. 电容抽头接入

电容抽头接入电路如图 2-15 所示。并联谐振回路电感为 L，电容由 C_1、C_2 串联组成，负载接在电容抽头 2-3 端。为了计算这种回路，需要将负载 R_L 等效折算到 1-3 端，变换为标准的并联谐振回路。为此，首先简单介绍一下电容器的串、并联变换，如图 2-16 所示。

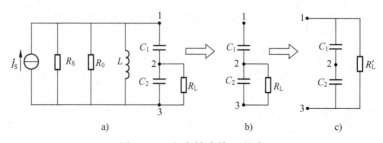

图 2-15　电容抽头接入电路

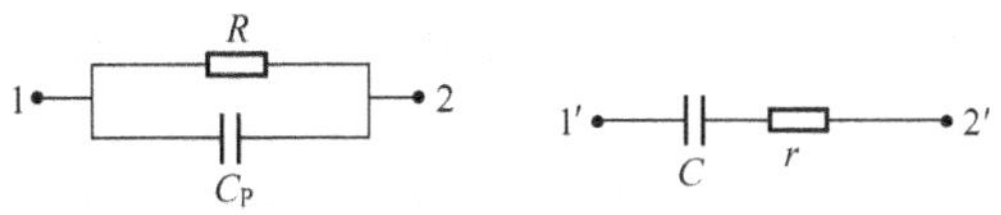

图 2-16　电容的串、并联等效变换

根据电路等效原理，图 2-16 中 1-2 端的等效导纳应与 1′-2′端的导纳相等，可以推出，电容的串、并联等效变换关系为

$$\begin{cases} R=r(1+Q_C^2) \\ C_P=\dfrac{C}{1+\dfrac{1}{Q_C^2}} \end{cases}$$ (2-43)

式中，Q_C 为电容的品质因数。

对于串联等效回路形式：

$$Q_C=\frac{\dfrac{1}{\omega C}}{r}=\frac{1}{r\omega C}$$

对于并联等效回路形式：

$$Q_C=\frac{R}{\dfrac{1}{\omega C_P}}=\omega C_P R$$

实际中，当 $Q_C \geqslant 1$ 时，它的近似式为

$$\begin{cases} R=rQ_C^2 \\ C_P=C \end{cases}$$ (2-44)

现在可以利用式（2-44）将 R_L 与 C_2 的并联变换为串联，如图 2-15b 所示，

$$r_{LS}=\frac{R_L}{Q_C^2}=\frac{1}{\omega^2 C_2^2 R_L}$$ (2-45)

再利用公式将 r_{LS} 与 C_1、C_2 串联形式变换为并联形式，如图 2-15c 所示，

$$R_L' \approx \frac{1}{\omega^2 C^2 r_{LS}}$$ (2-46)

式中，$C=C_1 C_2/(C_1+C_2)$，将式（2-45）代入式（2-46）得

$$R_L'=\left(\frac{C_2}{C}\right)^2 R_L=\left(\frac{C_1+C_2}{C_1}\right)^2 R_L$$ (2-47)

由于 $(C_1+C_2)/C_1>1$，所以 $R_L'>R_L$，变换后的并联回路如图 2-17 所示。这是一个标准并联谐振回路，其谐振频率为

$$\omega_0=\frac{1}{\sqrt{LC}}$$ (2-48)

回路的品质因数为

$$Q_L=\frac{R_\Sigma}{\omega_0 L}=R_\Sigma \omega_0 C$$ (2-49)

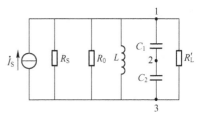

图 2-17　变换后的并联电路

式中，$R_\Sigma = \dfrac{R_S R_0 R'_L}{R'_L(R_S + R_0) + R_0 R_S}$。

由以上分析可以得到以下结论：

① 在电容抽头接入电路中，经变换后等效回路的谐振频率近似为 $\omega_0 \approx 1/\sqrt{LC}$，这个近似是在串、并联折算中产生的。由于电容 Q 值比较大，误差很小，一般可以不考虑。

② 由于 $R'_L = \left(\dfrac{C_1 + C_2}{C_1}\right)^2 R_L$，而 $\dfrac{C_1 + C_2}{C_1} > 1$，故 $R'_L > R_L$，回路有载品质因数较直接接入增大了。可根据实际情况，选取适当的 C_1 和 C_2 值以得到要求的 Q_L 值。

4. 接入系数的概念

上述三种回路接入方式不同，但有一个共同特点，即负载不直接接入回路两端，只是与回路一部分相接，因此称为部分接入形式。为了更好地说明这个特点，引入接入系数的概念。接入系数表示接入部分所占的比例。对于自耦变压器接入方式来说（见图 2-18），接入系数

$$n = \frac{N_2}{N_1} \tag{2-50}$$

n 表示全部线圈 N_1 中，N_2 所占的比例。$0 < n < 1$，调节 n 可改变折算电阻 R'_L 的数值。n 越小，R_L 与回路接入部分越少，对回路影响越小，R'_L 越大。引入接入系数 n 以后，折算后的阻抗可以写为

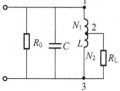

图 2-18 部分接入的概念

$$R'_L = \frac{1}{n^2} R_L \tag{2-51}$$

电容抽头接入及变压器接入方式与自耦变压器接入方式的接入系数基本概念相同，读者可以自己分析。

当外接负载不是纯电阻，包含电抗成分时，上述等效变换关系仍适用。设回路如图 2-19 所示，这时不仅要将 R_L 从二次侧折算到一次侧，而且 C_L 也要折算到一次侧。计算式为

$$R'_L = \frac{1}{n^2} R_L \tag{2-52}$$

$$C'_L = n^2 C_L \tag{2-53}$$

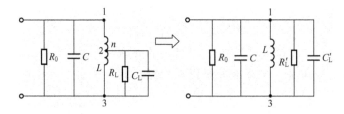

图 2-19 负载电容等效折算

因为 $0 < n < 1$，所以电阻经折算后变大，电容变小，一致的规律是经折算后阻抗变大，对回路的影响减轻。

前面主要介绍的是负载的接入方式问题，对谐振回路的信号源同样可采用部分接入的方

法，折算方法相同。例如，在图 2-20 所示电路中，信号源内阻 R_S 从 2-3 端折算到 1-3 端，电流源也要折算到 1-3 端，计算式为

$$R'_S = \frac{1}{n^2} R_S \tag{2-54}$$

$$I'_S = n I_S \tag{2-55}$$

式（2-55）可以这样理解：从 2-3 端折算到 1-3 端电压的变比为 $1/n$ 倍，在保持功率不变的条件下，电流的变比应为 n 倍。

通过以上讨论得知，采用任何接入方式，都可使回路的有载 Q_L 值提高，而谐振频率 ω_0 不变。同时，只要负载和信号源采用合适的接入系数，即可达到阻抗匹配，输出较大的功率。

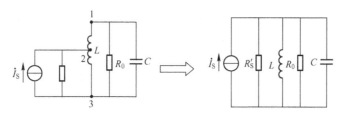

图 2-20　信号源部分接入回路

2.4　其他形式的滤波器

高频电子线路除了使用谐振回路与耦合回路作为选频网络，还经常采用其他形式的滤波器来完成选频作用。这些滤波器有石英晶体滤波器、陶瓷滤波器、声表面波滤波器、有源 RC 滤波器等，分别简述如下。

2.4.1　石英晶体滤波器

石英晶体是一种天然矿石，其化学成分是 SiO_2，在自然界中是以六角锥体形式出现，它有三个对称轴：x 轴（电轴）、y 轴（机械轴）和 z 轴。采用切割工艺，按照一定的方位将晶体切成薄片，切片的尺寸和厚度随着工作频率的不同而不同。石英晶片切割加工后，两面敷银，再用引线引出，封装即成。

石英晶体有一个很重要的特性——压电效应，即当石英晶体沿某一方向受到交变电场作用时，晶片将随交变信号的变化而产生机械振动，产生机械能；反之，当机械力作用于晶片时，晶片相对两侧将产生异号的电荷，产生电场能。所以，石英晶体实际上是一种可逆换能器件，它可以将机械能转换为电场能，又能将电场能转换为机械能；而且，其能量转换具有谐振特性，在谐振频率处，换能效率最高。石英晶体的稳定性非常高，其谐振频率的高低取决于晶片的形状、尺寸和切型。

利用石英晶体的上述换能特性和谐振特性，可以构成滤波器，用作集中选频放大器的选频网络，也可以构成振荡器。另外，石英晶体的振动具有多谐性，即除了基频振动外，还有

奇次谐波泛音振动。利用这一特性，可以构成基频晶体谐振器，也可以构成泛音晶体谐振器。晶体谐振器的等效电路如图 2-21 所示。

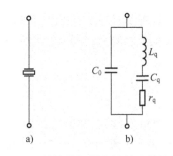

图 2-21 中，C_0 称为石英谐振器的安装电容或静电容，为几至几十皮法；L_q 为石英谐振器的动态电感或等效电感，为 $10^{-3} \sim 10^2 H$，它相当于晶体的质量（惯性）；C_q 为石英谐振器的动态电容或等效电容，为 $10^{-4} \sim 10^{-1} pF$，它相当于晶体的振动弹性；r_q 为动态电阻或等效电阻，为几十至几百欧，它相当于晶体在机械振动中的摩擦损耗。

图 2-21 晶体谐振器的符号及等效电路
a）符号 b）基频等效电路

2.4.2 陶瓷滤波器

利用某些陶瓷材料的压电效应可以构成陶瓷滤波器。常用的压电陶瓷材料为锆钛酸铅，其分子式为 $Pb(ZrTi)O_3$。在陶瓷片的两面涂以银层，形成两个电极，它具有和石英晶体相似的压电效应，可以代替石英晶体作滤波器用。陶瓷容易焙烧，可制成各种形状，特别适合滤波器的小型化；而且陶瓷滤波器还具有耐热性及耐湿性能好、不易受外界影响等特点。陶瓷滤波器的等效电路也和石英晶体谐振器相同，如图 2-21b 所示。但它的等效品质因数值要小得多（约为几百），大小处于 LC 滤波器和石英晶体滤波器之间，所以，陶瓷滤波器的通频带没有石英晶体滤波器窄，选择性也比石英晶体滤波器差。

简单的陶瓷滤波器是由单片压电陶瓷上形成双电极或三电极，相当于单振荡回路或耦合回路，性能较好的陶瓷滤波器通常是将多个陶瓷谐振器接成梯形网络而形成，它可以看作一种多极点的带通（或带阻）滤波器。陶瓷滤波器有两端、三端和更多端子的形式。如将陶瓷滤波器连成图 2-22 所示的形式，即为四端陶瓷滤波器。图 2-22a 和 b 分别为由两个和五个谐振子连接成的四端陶瓷滤波器。谐振子数目越多，滤波器的性能越好。图 2-22c 是四端陶瓷滤波器的电路符号。

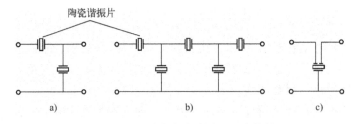

图 2-22 四端陶瓷滤波器及电路符号

陶瓷滤波器因其体积小、价格低、寿命长、易调谐且性能可靠等优点，目前应用在通信接收机和其他仪器中。

2.4.3 声表面波滤波器

目前应用最广泛的集中选频器是声表面波滤波器（SAWF）。它是一种对频率具有选择作用的无源器件，是利用某些晶体的压电效应和表面波传播的物理特性制成的新型电-声换能器件。所谓声表面波，就是沿固体介质表面传播且振幅随深入介质距离的增加而迅速减弱的弹性波。声表面滤波器自 20 世纪 60 年代中期问世以来发展非常迅速，它具有体积小、重量轻、不需要调整、中心频率可做得很高、相对带宽较宽和矩形系数接近于 1 等特点。

声表面波滤波器是以压电材料（石英、铌酸锂）作为基片（衬底），由输入叉指换能器、输出叉指换能器、传输介质和吸声材料四个部分组成。图 2-23a 为 SAWF 的基本结构示意图。在经过表面抛光的压电材料衬底上，蒸发一层金属（如铝）导电膜，然后利用一般的光刻工艺就可以制作两个叉指换能器，其中一个用作发射，另一个用作接收。叉指换能器电极具有换能作用，输入（发射）换能器将电信号转换成声波，而输出（接收）换能器是将声波转换成电信号。换能器边缘的吸声材料主要是为了吸收反射信号。

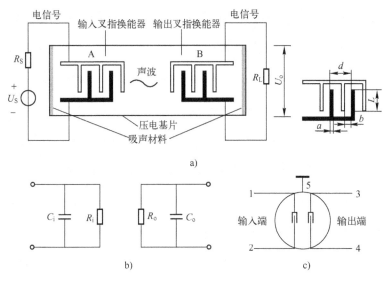

图 2-23　声表面波滤波器的结构示意图、等效电路及电路图形符号

高频电信号加至输入叉指换能器电极上，压电基板材料表面就会产生振动并同时激发出声表面波。声表面波沿基片表面即垂直于换能器电极轴向的两个方向传播，向左传播的声表面波被涂于基片左端的吸收材料所吸收，向右传播的声表面波被接收叉指换能器检测，通过压电效应的作用转换成电信号，并传给负载。当加入输入叉指换能器的电信号与其对应的声表面波的频率相同或接近时，由输入叉指换能器激起较大幅度的声表面波，同样，当传播到输出叉指换能器的声表面波的频率与输出叉指换能器的固有频率相同或接近时，则在输出叉指换能器上激起幅度较大的电振荡，由此可以实现选频的作用。

在谐振时，叉指换能器的等效电路可用电容 C 和电阻 R 并联组成的等效电路来表示，如图 2-23b 所示。电阻 R 为辐射电阻，其中的功率消耗相当于转换为声能的功率。图 2-23c 为声表面波滤波器的电路符号。

声表面波滤波器的频率特性，如中心频率、频带宽度、频响特性等一般由叉指换能器的几何形状和尺寸决定。这些几何尺寸包括叉指对数、指条宽度 a、指条间隔 b、指条有效长度 L（两叉指重叠部分的长度，简称指长）和周期长度 d 等。假如声表面波的传播速度为 v，

可得 $f_0 = v/d$，即叉指换能器的频率为 f_0 时，声表面波的波长是 λ_0，它等于叉指换能器周期长度 d，$d = 2(a+b)$。

基于以上特点，声表面波滤波器在通信、电视、卫星和宇航等领域得到了广泛的应用。电视接收机的图像中频滤波器便应用了声表面波滤波器。图 2-24a 给出了电视机中放电电路的声表面波滤波器实用电路，图 2-24b 是该电路的中频放大器的幅频特性，它是由 SAWF 来实现的。图中，晶体管 VT 是中频前置放大器，以补偿声 SAWF 的插入损耗。经过 SAWF 中频滤波后的图像中频信号输入到集成中放电路中，经过三级具有 AGC 特性的中频放大器放大后，送到视频同步检波器。从图 2-24b 可以看到，采用 SAWF 后，中放电路能够获得比 LC 中频滤波器更优良的幅频特性，矩形系数接近理想情况。

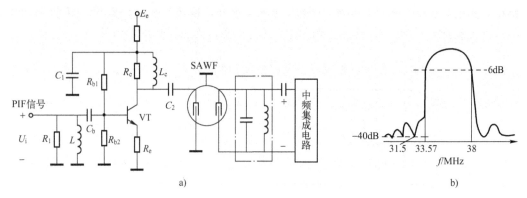

图 2-24　用于电视机中放电电路的声表面波滤波器实用电路及幅频特性
a）实用电路　b）中放电路的幅频特性

2.4.4　有源 RC 滤波器

滤波器是一种能使有用频率的信号通过而同时能对无用频率的信号进行抑制或衰减的电子装置。在工程上，滤波器常用在信号的处理、数据的传送和干扰的抑制等方面。滤波器按照组成的元件，可分为有源滤波器和无源滤波器两大类。凡是只由电阻、电容、电感等无源元件组成的滤波器称为无源滤波器。凡是由放大器等有源元件和无源元件组成的滤波器称为有源滤波器。由运算放大器和电阻、电容（不含电感）组成的滤波器称为 RC 有源滤波器。RC 有源滤波器按照它所实现的传递函数的次数分，可分为一阶、二阶和高阶 RC 有源滤波器。从电路结构上看，一阶 RC 有源滤波器含有一个电阻和一个电容。二阶 RC 有源滤波器含有两个电阻和两个电容。一般的高阶 RC 有源滤波器可以由一阶和二阶的滤波器通过级联来实现。下面以一阶有源 RC 低通滤波器为例来分析其工作特性。

如果在一级 RC 低通电路的输出端再加上一个电压跟随器，使之与负载很好地隔离开来，就构成了一个简单的一阶有源低通滤波电路。由于电压跟随器的输入阻抗很高，输出阻抗很低，因此，其带负载能力得到加强。

如果希望电路不仅有滤波功能，而且能起放大作用，则只要将电路中的电压跟随器改为同相比例放大电路即可，如图 2-25 所示。下面介绍它的性能。

1. 传递函数

由图 2-25 可知，低通滤波电路的通带电压增益 A_0 是 $\omega = 0$ 时输出电压 v_o 与输入电压 v_i 之

比，对于图 2-25 来说，通带电压增益 A_0 等于同相比例放大电路的电压增益 A_{VF}，即

$$A_0 = A_{VF} = 1 + \frac{R_f}{R_1} \qquad (2\text{-}56)$$

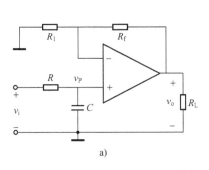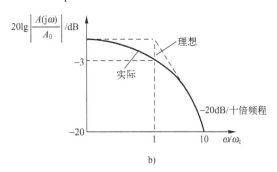

图 2-25　一阶低通滤波电路

a）带同相比例放大电路的低通滤波电路　b）幅频响应

根据前面学习的模拟电子技术可知

$$V_P(s) = \frac{1}{1 + sRC} V_i(s) \qquad (2\text{-}57)$$

因此，可导出电路的传递函数为

$$A(s) = \frac{V_o(s)}{V_i(s)} = A_{VF} \frac{1}{1 + \dfrac{s}{\omega_c}} = \frac{A_0}{1 + \dfrac{s}{\omega_c}} \qquad (2\text{-}58)$$

式中，$\omega_c = 1/(RC)$，ω_c 称为特征角频率。

由于式（2-58）中分母为 s 的一次幂，故该式所示滤波电路称为一阶低通有源滤波电路。一阶高通有源滤波电路可由图 2-25a 的 R 和 C 交换位置来组成，不再赘述。

2. 幅频响应

对于实际的频率来说，式（2-58）中的 s 可用 $s = j\omega$ 代入，由此可得

$$A(j\omega) = \frac{V_o(j\omega)}{V_i(j\omega)} = \frac{A_0}{1 + j\left(\dfrac{\omega}{\omega_c}\right)} \qquad (2\text{-}59)$$

$$|A(j\omega)| = \frac{|V_o(j\omega)|}{|V_i(j\omega)|} = \frac{A_0}{\sqrt{1 + \left(\dfrac{\omega}{\omega_c}\right)^2}} \qquad (2\text{-}60)$$

显然，这里的 ω_c 就是 $-3\,dB$ 截止角频率 ω_H。由式（2-60）可画出图 2-25a 的幅频响应，如图 2-25b 所示。

从图 2-25b 所示的幅频响应来看，一阶滤波器的滤波效果还不够好，它的衰减率只是 $20\,dB$/十倍频程。若要求响应曲线以 -40 或 $-60\,dB$/十倍频程的斜率变化，则需采用二阶、三阶的滤波电路。实际上，高于二阶的滤波电路都可以由一阶和二阶有源滤波电路构成，在这里不再赘述。

2.5 Multisim 仿真实例

1. 串联谐振回路仿真

在 Multisim 14 仿真软件的工作界面上建立如图 2-26 所示的仿真电路，并设置电感 L1 = 25 mH，C1 = 10 nF，R1 = 10 Ω，双击 XFG1 函数发生器，设置波形为正弦波，频率为 1 kHz，幅值为 1 V。

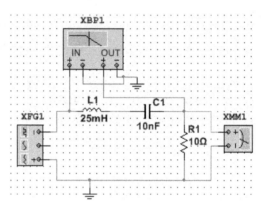

图 2-26　串联谐振回路的仿真电路

注：为了与本书介绍的 Multisim 仿真软件保持一致，本书仿真图及相应文
中的符号均未使用国家标准，以便读者阅读和理解。

串联回路响应电压与激励电源角频率之间的关系称为幅频特性。在 Multisim 14 仿真软件中可使用波特图仪或交流分析方法进行观察。

双击"XBP1"波特图仪，幅频特性如图 2-27 所示，当 f_0 约为 9.975 kHz 时输出电压为最大值。

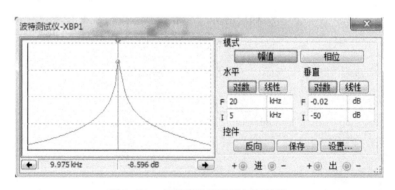

图 2-27　串联谐振回路的幅频特性

选择"仿真"菜单中的"分析"选项，进入"交流分析"对话框，分析前进行相关设置。在"频率参数"选项卡中将"起始频率"设置为 1 kHz，将"停止频率"设置为 100 kHz，如图 2-28 所示。在"输出"选项卡中，选择"V(2)"为输出点，如图 2-29 所示。然后单击"仿真"按钮开始仿真，交流仿真结果如图 2-30 所示。

图 2-28 仿真参数设置

图 2-29 "交流分析"对话框设置

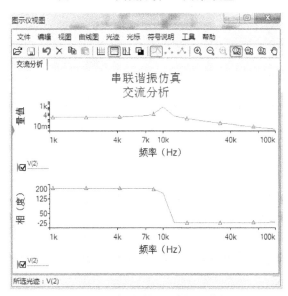

图 2-30 串联谐振回路幅频特性

2. 并联谐振回路仿真

1) 在 Multisim 14 环境中创建如图 2-31 所示的电路。实验参数：R1 = 50 kΩ（串入该电阻是为了构成恒流源），C1 = 0.25 μF，L1 = 100 mH，R2 = 50 Ω（模拟线圈内阻），R3 = 10 Ω（串入该电阻是为了观察端口电压、电流是否同相位）；函数信号发生器的输出为幅值为4.243 V 的正弦波。

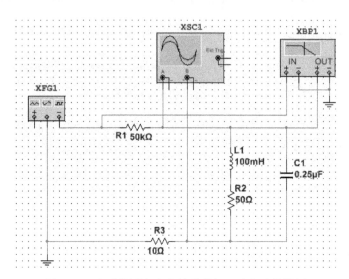

图 2-31　电感线圈与电容并联谐振回路实验接线图

2) 按下仿真软件"启动/停止"开关，启动电路。打开波特图仪面板，如图 2-32 所示，按照图 2-32 进行设置，将测试指针移至频率特性最高点，读出其对应频率（f = 1 kHz），此即为谐振频率。

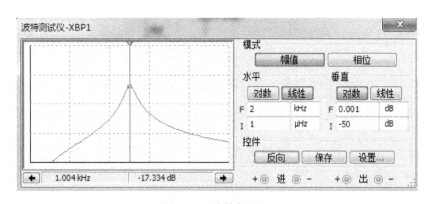

图 2-32　波特仪设置

3) 观察谐振时电压与电流的相位关系。

设置函数发生器频率 $f = 1$ kHz，打开示波器面板，观察总电压（A 通道波形）与总电流（B 通道波形，B 通道电位 $V_b = 10 \, \Omega \times I$）的相位关系，记录波形如图 2-33 所示。

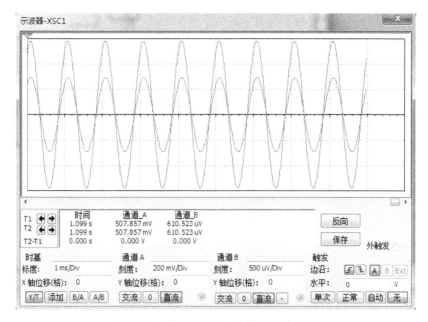

图 2-33　谐振时电压、电流的相位关系

习题

1. 已知某一并联谐振回路的谐振频率 $f_0 = 1\,\text{MHz}$，要求对 990 kHz 的干扰信号有足够的衰减，问该并联回路应如何设计？

2. 给定串联谐振回路的 $f_0 = 1.5\,\text{MHz}$，$C_0 = 100\,\text{pF}$，谐振时电阻 $R = 5\,\Omega$。试求 Q_0 和 L_0；又若信号源电压振幅 $V_{sm} = 1\,\text{mV}$，求谐振时回路中的电流 I_0 以及回路元件上的电压 V_{L0m} 和 V_{C0m}。

3. 试定性分析图 2-34 所示电路在什么情况下呈现串联谐振或并联谐振状态。

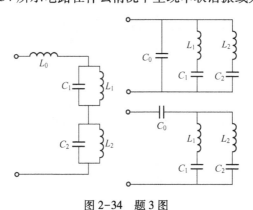

图 2-34　题 3 图

4. 有一并联回路在某频段内工作，频段最低频率为 535 kHz，最高频率为 1605 kHz。现有两个可变电容，一个电容的最小电容量为 12 pF，最大电容量为 100 pF；另一个最小电容量为 15 pF，最大电容量为 450 pF。试问：

（1）应采用哪一个可变电容？为什么？

（2）回路电感应等于多少？

（3）绘出实际的并联回路图。

5. 串联回路如图 2-35 所示。信号源频率 $f_0 = 1\,\text{MHz}$，电压幅值 $V_S = 0.1\,\text{V}$。将 1-1′端短接，电容 C 调到 100 pF 时谐振。此时，电容 C 两端的电压为 10 V。如 1-1′端开路再串接一阻抗 Z_X（电阻与电容串联），则回路失谐，C 调到 200 pF 时重新谐振，电容两端电压变成 2.5V。试求线圈的电感量 L、回路品质因数 Q_0 值以及未知阻抗 Z_X。

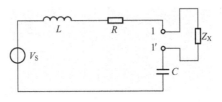

图 2-35　题 5 图

6. 给定并联谐振回路的 $f_0 = 5\,\text{MHz}$，$C = 50\,\text{pF}$，通频带 $2\Delta f_{0.7} = 150\,\text{kHz}$。试求电感 L、品质因数 Q_0 以及对信号源频率为 5.5 MHz 时的失调。又若把 $2\Delta f_{0.7}$ 加宽至 300 kHz，应在回路两端再并联上一个阻值多大的电阻？

7. 如图 2-36 所示。已知 $L = 0.8\,\mu\text{H}$，$Q_0 = 100$，$C_1 = C_2 = 20\,\text{pF}$，$C_S = 5\,\text{pF}$，$R_S = 10\,\text{k}\Omega$，$C_L = 20\,\text{pF}$，$R_L = 5\,\text{k}\Omega$。试计算回路谐振频率、谐振阻抗（不计 R_L 与 R_S 时）、有载品质因数 Q_L 和通频带。

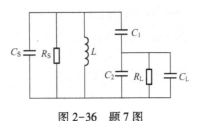

图 2-36　题 7 图

8. 并联谐振回路如图 2-37 所示。已知通频带 $2\Delta f_{0.7}$、电容 C，若回路总电导为 G_Σ（$G_\Sigma = G_S + G_0 + G_L$）。试证明：$G_\Sigma = 4\pi\Delta f_{0.7} C$。若给定 $C = 20\,\text{pF}$，$2\Delta f_{0.7} = 6\,\text{MHz}$，$R_0 = 13\,\text{k}\Omega$，$R_S = 10\,\text{k}\Omega$，求 R_L 为多少？

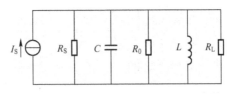

图 2-37　题 8 图

第3章　高频小信号调谐放大器

3.1　概述

在无线电技术中，经常会遇到这样的问题——接收到的信号很弱，而这样的信号又往往与干扰信号同时进入接收机。人们希望将有用的信号放大，把其他无用的干扰信号抑制掉，借助于选频放大器便可达到此目的。高频小信号调谐放大器便是这样一种最常用的选频放大器，即有选择地对某一频率的信号进行放大的放大器。

高频小信号调谐放大器是构成无线电通信设备的主要电路，其作用是放大信道中的高频小信号。所谓小信号，通常指输入信号电压一般在微伏至毫伏数量级附近，放大这种信号的放大器工作在线性范围内。所谓调谐，主要是指放大器的集电极负载为调谐回路（如 LC 谐振回路）。这种放大器对谐振频率 f_0 的信号具有最强的放大作用，而对其他远离 f_0 的频率信号，放大作用很差。

调谐放大器主要由放大器和调谐回路两部分组成。因此，调谐放大器不仅有放大作用，而且还有选频作用。本章讨论的高频小信号调谐放大器，一般工作在甲类状态，多用在接收机中做高频和中频放大，对它的主要指标要求是：有足够的增益，满足通频带和选择性要求，工作稳定等。高频小信号调谐放大器的主要性能在很大程度上取决于谐振回路（选频网络）。一般选频网络是 LC 谐振回路，还有石英晶体滤波器、陶瓷滤波器和声表面波滤波器等，本章先讨论以 LC 谐振回路作为选频网络的高频小信号调谐放大器。

3.2　单调谐回路谐振放大器

3.2.1　晶体管 Y 参数等效电路与混合 π 等效电路

1. 晶体管 Y 参数等效电路

图 3-1 是晶体管 Y 参数等效电路。设输入端有输入电压 $\dot{V}_1$ 和输入电流 $\dot{I}_1$，输出端有输出电压 $\dot{V}_2$ 和输出电流 $\dot{I}_2$。根据二端口网络理论，若选输入电压 $\dot{V}_1$ 和输出电压 $\dot{V}_2$ 为自变量，输入电流 $\dot{I}_1$ 和输出电流 $\dot{I}_2$ 为参变量，则得到 Y 参数系的方程为

$$\dot{I}_1 = y_{11}\dot{V}_1 + y_{12}\dot{V}_2 \tag{3-1}$$

$$\dot{I}_2 = y_{21}\dot{V}_1 + y_{22}\dot{V}_2 \tag{3-2}$$

其中，$y_{11} = y_i = \dot{I}_1/\dot{V}_1 \mid_{V_2=0}$ 称为输出短路时的输入导纳；$y_{12} = y_r = \dot{I}_1/\dot{V}_2 \mid_{V_1=0}$ 称为输入短路时的反向传输导纳；$y_{21} = y_f = \dot{I}_2/\dot{V}_1 \mid_{V_2=0}$ 称为输出短路时的正向传播导纳；$y_{22} = y_o = \dot{I}_2/\dot{V}_2 \mid_{V_1=0}$ 称为输入短路时的输出导纳。

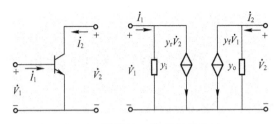

图 3-1　晶体管 Y 参数等效电路

根据式（3-1）和式（3-2）可得出如图 3-1 所示的 Y 参数等效电路。对于共发射极组态，$\dot{I}_1 = \dot{I}_b$，$\dot{V}_1 = \dot{V}_{be}$，$\dot{I}_2 = \dot{I}_c$，$\dot{V}_2 = \dot{V}_{ce}$，其 Y 参数用 y_{ie}、y_{re}、y_{fe}、y_{oe} 表示。对于共基极组态，$\dot{I}_1 = \dot{I}_e$，$\dot{V}_1 = \dot{V}_{eb}$，$\dot{I}_2 = \dot{I}_c$，$\dot{V}_2 = \dot{V}_{cb}$，其 Y 参数用 y_{ib}、y_{rb}、y_{fb}、y_{ob} 表示。对于共集电极组态，$\dot{I}_1 = \dot{I}_b$，$\dot{V}_1 = \dot{V}_{be}$，$\dot{I}_2 = \dot{I}_e$，$\dot{V}_2 = \dot{V}_{ec}$，其 Y 参数用 y_{ic}、y_{rc}、y_{fc}、y_{oc} 表示。

2. 混合 π 等效电路

图 3-2 是晶体管混合 π 等效电路图。其中 $r_{b'e}$ 是发射结电阻。当工作处于放大状态时，发射结是处于正向偏置的，所以 $r_{b'e}$ 数值很小，可表示为 $r_{b'e} = 26\beta_0/I_E$，其中 β_0 为共发射极组态晶体管的低频电流放大系数，I_E 为发射极电流，单位为 mA。$C_{b'e}$ 是发射结的结电容。$r_{bb'}$ 是基区扩展电阻。$r_{b'c}$ 是集电结的结电阻。由于集电结处于反向偏置，$r_{b'c}$ 的数值很大。$C_{b'c}$ 是集电结的结电容，其数值较小。r_{ce} 是集电极与发射极之间的电阻，其数值一般很大，比放大器集电极负载电阻要大得多，可忽略其影响。C_{ce} 是集电极与发射极之间的电容，其值很小，等效时可合并到集电极负载电路中去。$g_m V_{b'e}$ 表示晶体管放大作用的等效电流源，而 $g_m = I_E/26$，表示晶体管的放大能力，称为跨导，单位为 S。

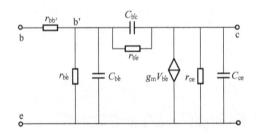

图 3-2　晶体管混合 π 等效电路

因为 $r_{b'c}$ 的值在所讨论的频率范围内比 $C_{b'c}$ 的容抗值要大得多，通常对等效电路进行简化时常用 $C_{b'c}$ 代替 $r_{b'c}$ 和 $C_{b'c}$ 的并联电路。晶体管简化的混合 π 等效电路如图 3-3 所示。

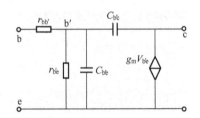

图 3-3　晶体管简化的混合 π 等效电路

在进行等效电路的参数估算时，从晶体管器件手册中可查得参数 C_{ob}，C_{ob} 是晶体管共基极接法且发射极开路时 c、b'间的结电容，而 $C_{b'c} \approx C_{ob}$。$C_{b'c}$ 的数值可通过手册给出的特征频率 f_T 和放大电路的静态工作点数值由前边的公式计算得出。

通常，在分析小信号调谐放大器时，采用 Y 参数等效电路等效晶体管。但 Y 参数随工作频率不同而有所变化，不能充分说明晶体管内部的物理过程。而混合 π 等效电路用集中参数元件 RC 表示，物理过程明显，在分析电路原理时用得较多。Y 参数与混合 π 等效电路的参数的变换关系可根据 Y 参数的定义求出，其近似计算公式为

$$y_{ie} = \frac{g_{b'e}+j\omega(C_{b'e}+C_{b'c})}{1+r_{bb'}[g_{b'e}+j\omega(C_{b'e}+C_{b'c})]} \tag{3-3}$$

$$y_{re} = \frac{-j\omega C_{b'c}}{1+r_{bb'}[g_{b'e}+j\omega(C_{b'e}+C_{b'c})]} \tag{3-4}$$

$$y_{fe} = \frac{g_m-j\omega C_{b'c}}{1+r_{bb'}[g_{b'e}+j\omega(C_{b'e}+C_{b'c})]} \tag{3-5}$$

3.2.2 单调谐回路谐振放大器电路的组成

单调谐回路谐振放大器如图 3-4 所示，它由共发射极组态的晶体管和并联谐振回路组成。其直流偏置由 R_1、R_2、R_e 来实现，C_b、C_e 为高频旁路电容。输入信号 $\dot{V}_1$ 相当于加在 VT$_1$ 的 b、e 之间，而放大器的输出电压 $\dot{V}_o$ 是下一级放大器的输入电压。

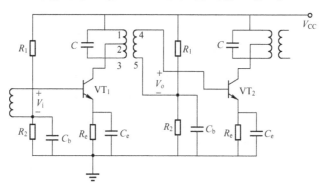

图 3-4 单调谐回路谐振放大器

下面详细介绍放大器的等效电路及其简化。

图 3-5 是晶体管 VT$_1$ 组成的高频小信号放大器的等效电路。其中晶体管 VT$_1$ 用 Y 参数等效电路等效，信号源用 I_s 和 Y_s 等效。变压器二次侧的负载为下一级放大器的输入导纳 Y_{ie2}。

设从晶体管 VT$_1$ 的 c、e 两端向谐振回路看的等效负载导纳为 Y'_L。那么，晶体管在接上 Y'_L 和信号源 $\dot{I}_s$ 之后，$\dot{I}_b$、$\dot{I}_c$ 与 $\dot{V}_i$、$\dot{V}_c$ 的关系是由晶体管内部特性决定的，即

$$\dot{I}_b = y_{ie}\dot{V}_i + y_{re}\dot{V}_c \tag{3-6}$$

$$\dot{I}_c = y_{fe}\dot{V}_i + y_{oe}\dot{V}_c \tag{3-7}$$

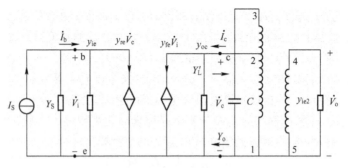

图 3-5　单级调谐放大器高频等效电路

而 $\dot{I}_c$ 又要由外部负载决定：

$$\dot{I}_c = -Y'_L \dot{V}_c \tag{3-8}$$

由式（3-7）和式（3-8）得

$$\dot{V}_c = -\frac{y_{fe}}{y_{oe} + Y'_L} \dot{V}_i \tag{3-9}$$

由式（3-6）和式（3-9）得

$$\dot{I}_b = y_{ie} \dot{V}_i + \left(-\frac{y_{re} y_{fe}}{y_{oe} + Y'_L} \dot{V}_i \right) \tag{3-10}$$

放大器的输入导纳 Y_i 为

$$Y_i = \frac{\dot{I}_b}{\dot{V}_i} = y_{ie} - \frac{y_{re} y_{fe}}{y_{oe} + Y'_L} \tag{3-11}$$

式（3-11）表明，由于 y_{re} 的存在，使得放大器的输入导纳 Y_i 不仅与晶体管的输入导纳 y_{ie} 有关，而且还与放大器的负载 Y'_L 有关。也就是说，放大器负载导纳 Y'_L 的变化会引起放大器输入导纳 Y_i 的变化。

同理，由式（3-7）、式（3-8）和式（3-9）可得出放大器的输出导纳 Y_o，即

$$Y_o = \frac{\dot{I}_c}{\dot{V}_c} = y_{oe} - \frac{y_{re} y_{fe}}{y_{ie} + Y_S} \tag{3-12}$$

式（3-12）表明，由于 y_{re} 的存在，使得放大器的输出导纳 Y_o 不仅与晶体管的输出导纳 y_{oe} 有关，而且还与放大器输入端的信号源内导纳 Y_S 有关。也就是说，Y_S 的变化会引起放大器输出导纳 Y_o 的变化。

为了分析的简化，在分析电路时，假设晶体管的 $y_{re} = 0$，其简化的等效电路如图 3-6 所示。必须注意的是，变压器二次侧两端接的是 VT_2 管的输入导纳 y_{ie2}。如果多级放大器采用同型号的管子，在工作电流相同时 $y_{ie1} = y_{ie2} = y_{ie}$。

设 VT_1 和 VT_2 是同型号的晶体管，变压器一次侧的电感量为 L，在工作频率时其空载品质因数为 Q_0，则空载谐振电导 $g_0 = 1/\omega_0 L Q_0$。由于 $y_{ie} = g_{ie} + j\omega C_{ie}$，$y_{oe} = g_{oe} + j\omega C_{oe}$，故 y_{ie} 可用 g_{ie} 和 C_{ie} 并联表示，y_{oe} 可用 g_{oe} 和 C_{oe} 并联表示。根据接入系数的定义，$p_1 = N_{12}/N_{13}$，$p_2 = N_{45}/N_{13}$。由简化等效电路可以很方便地对放大器的技术指标进行分析。

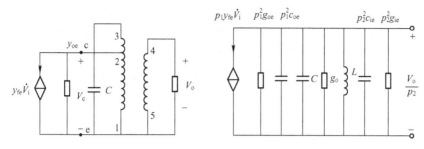

图 3-6　单调谐放大器简化等效电路

3.2.3　单调谐回路谐振放大器性能指标

1. 电压增益

根据定义，$\dot{A}_v = \dot{V}_o / \dot{V}_i$。由图 3-6 可得

$$Y_\Sigma = g_\Sigma + j\omega C_\Sigma + \frac{1}{j\omega L} \tag{3-13}$$

式中，$g_\Sigma = p_1^2 g_{oe} + g_o + p_2^2 g_{ie}$；$C_\Sigma = p_1^2 C_{oe} + C + p_2^2 C_{ie}$。从等效关系可知

$$\frac{\dot{V}_o}{p_2} = -\frac{p_1 y_{fe} \dot{V}_i}{Y_\Sigma} = -\frac{p_1 y_{fe} \dot{V}_i}{g_\Sigma + j\omega C_\Sigma + \frac{1}{j\omega L}} \tag{3-14}$$

则

$$\dot{A}_v = \frac{\dot{V}_o}{\dot{V}_i} = -\frac{p_1 p_2 y_{fe}}{g_\Sigma + j\omega C_\Sigma + \frac{1}{j\omega L}} \tag{3-15}$$

放大器谐振时，$\omega_0 C_\Sigma - \dfrac{1}{\omega_0 L} = 0$，对应的谐振频率 $\omega_0 = 1/\sqrt{LC_\Sigma}$，则

$$\dot{A}_{vo} = -\frac{p_1 p_2 y_{fe}}{g_\Sigma} \tag{3-16}$$

由式（3-16）可见，谐振时的电压增益 $\dot{A}_{vo}$ 与晶体管的正向传输导纳 y_{fe} 成正比，与回路两端的总电导 g_Σ 成反比。负号表示放大器的输入与输出电压相位差为 180°。此外，y_{fe} 是一个复数，它有一个相角 φ_{fe}。因此，一般来说放大器谐振时，$\dot{V}_o$ 与 $\dot{V}_i$ 的相位差不是 180°，而是 180° + φ_{fe}。只有当工作频率较低时，$\varphi_{fe} = 0$，$\dot{V}_o$ 与 $\dot{V}_i$ 的相位差才是 180°。

通常，在进行电路计算时，谐振时电压增益用其模表示，即 $|A_{uo}|$ 可表示为

$$|A_{vo}| = \frac{p_1 p_2 |y_{fe}|}{g_\Sigma}$$

2. 谐振曲线

放大器的谐振曲线是表示放大器的相对电压增益与输入信号频率的关系。由式（3-15）可得

$$\dot{A}_v = \frac{p_1 p_2 y_{\text{fe}}}{g_\Sigma \left[1 + \frac{1}{g_\Sigma}\left(j\omega C_\Sigma + \frac{1}{j\omega L}\right)\right]} = \frac{\dot{A}_{vo}}{1 + j\dfrac{1}{\omega_0 L g_\Sigma}\left(\omega C_\Sigma \omega_0 L - \dfrac{\omega_0 L}{\omega L}\right)}$$

$$= \frac{\dot{A}_{vo}}{1 + jQ_L\left(\dfrac{\omega}{\omega_0} - \dfrac{\omega_0}{\omega}\right)}$$

(3-17)

由式（3-17）可得

$$\frac{\dot{A}_v}{\dot{A}_{vo}} = \frac{1}{1 + jQ_L\left(\dfrac{\omega}{\omega_0} - \dfrac{\omega_0}{\omega}\right)} = \frac{1}{1 + jQ_L\left(\dfrac{f}{f_0} - \dfrac{f_0}{f}\right)}$$

对于谐振放大器来说，通常讨论的 f 与 f_0 相差不会很大，即可认为 f 在 f_0 附近变化，则

$$\frac{\dot{A}_v}{\dot{A}_{vo}} = \frac{1}{1 + jQ_L\dfrac{2\Delta f}{f_0}}$$

(3-18)

式中，$\Delta f = f - f_0$，称为一般失谐。

对于 $Q_L 2\Delta f/f_0$ 仍具有失谐的含义，令 $\xi = Q_L 2\Delta f/f_0$，称为广义失谐。将 ξ 代入式（3-18）得

$$\frac{\dot{A}_v}{\dot{A}_{vo}} = \frac{1}{1 + j\xi}$$

(3-19)

取其模可得

$$\frac{A_v}{A_{vo}} = \frac{1}{1 + j\xi}$$

(3-20)

式（3-20）是放大器在 f 接近 f_0 条件下的谐振特性方程式。图3-7是谐振特性的两种表示形式。

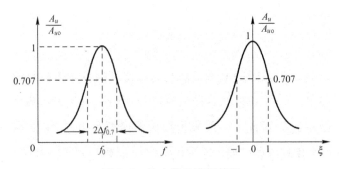

图3-7　放大器的谐振特性

3. 放大器的通频带

根据通频带的定义，$A_v/A_{vo} = 1/\sqrt{2}$ 时所对应的 $2\Delta f$ 为放大器的通频带。由式（3-20）得

$$\frac{A_v}{A_{vo}} = \frac{1}{\sqrt{1 + \xi^2}} = \frac{1}{\sqrt{2}}$$

$$\xi = Q_L \frac{2\Delta f_{0.7}}{f_0} = 1$$

$$2\Delta f_{0.7} = \frac{f_0}{Q_L} \tag{3-21}$$

4. 放大器的矩形系数

根据矩形系数的定义

$$K_{r0.1} = \frac{2\Delta f_{0.1}}{2\Delta f_{0.7}}$$

其中，$2\Delta f_{0.1}$ 是 $A_v/A_{vo} = 0.1$ 时所对应的频带宽度，即

$$\frac{A_v}{A_{vo}} = \frac{1}{\sqrt{1+\xi^2}} = \frac{1}{10}$$

$$\xi = Q_L \frac{2\Delta f_{0.1}}{f_0} = \sqrt{100-1}$$

$$2\Delta f_{0.1} = \sqrt{99} \frac{f_0}{Q_L}$$

则矩形系数为

$$K_{r0.1} = \sqrt{99} \tag{3-22}$$

单调谐回路放大器的矩形系数远大于1。也就是说，它的谐振曲线与矩形相差较远，选择性差。

3.3 多级单调谐回路谐振放大器

在实际运用中，需要较高的电压增益，就要用多级放大器来实现。下面仅讨论其主要技术指标。

1. 多级单调谐谐振放大器的电压增益

假如放大器有 m 级，各级电压增益分别为 A_{v1}，A_{v2}，$\cdots$，A_{vm}，则总电压增益 A_m 是各级电压增益的乘积，即

$$A_m = A_{v1} \cdot A_{v2} \cdot A_{v3} \cdot \cdots \cdot A_{vm} \tag{3-23}$$

当多级放大器是由完全相同的单级放大器组成时，各级电压增益相等，则 m 级放大器的总电压增益为

$$A_m = (A_{v1})^m \tag{3-24}$$

2. 多级单调谐谐振放大器的谐振曲线

m 级相同的放大器级联时，它的谐振曲线等于各单级谐振曲线的乘积，可表示为

$$\frac{A_m}{A_{m0}} = \frac{1}{\left[1+\left(Q_L \frac{2\Delta f}{f_0}\right)^2\right]^{\frac{m}{2}}} \tag{3-25}$$

3. 多级单调谐谐振放大器的通频带

m 级相同的放大器级联时，根据定义，总通频带应满足下式

$$\frac{A_m}{A_{m0}} = \frac{1}{\left\{1 + \left[Q_L \frac{(2\Delta f_{0.7})_m}{f_0}\right]^2\right\}^{\frac{m}{2}}} = \frac{1}{\sqrt{2}}$$

可得

$$(2\Delta f_{0.7})_m = \sqrt{2^{\frac{1}{m}} - 1}\, \frac{f_0}{Q_L} \tag{3-26}$$

式中，Q_L 为每一单级的有载品质因数。

与单级放大器的通频带比较，式（3-21）可表示为

$$(2\Delta f_{0.7})_m = \sqrt{2^{\frac{1}{m}} - 1}\,(2\Delta f_{0.7})_1$$

因 m 是大于 1 的整数，总的通频带比单级放大器的通频带要小。级数越多，总通频带越小。

4. 多级单调谐谐振放大器的矩形系数

根据矩形系数的定义

$$(K_{r0.1})_m = \frac{(2\Delta f_{0.1})_m}{(2\Delta f_{0.7})_m}$$

其中，$(2\Delta f_{0.1})_m$ 可由式（3-25）令 $A_m/A_{m0} = 0.1$ 求得

$$(2\Delta f_{0.1})_m = \sqrt{100^{\frac{1}{m}} - 1}\, \frac{f_0}{Q_L}$$

故 m 级单调谐谐振放大器的矩形系数为

$$(K_{r0.1})_m = \frac{\sqrt{100^{\frac{1}{m}} - 1}}{\sqrt{2^{\frac{1}{m}} - 1}} \tag{3-27}$$

可见，级数越多，矩形系数越小。

3.4 谐振放大器的稳定性

3.4.1 谐振放大器自激的原因

上面所讨论的放大器，都是假定工作于稳定状态的，即输出电路对输入端没有影响（$y_{re} = 0$），或者说，晶体管是单向工作的，输入可以控制输出，而输出不影响输入。但实际上，晶体管是存在反向输入导纳的（$y_{re} \neq 0$），放大器的输出电压可通过晶体管的 y_{re} 反向作用到输入端，引起输入电流的变化，这种反馈作用可能会引起放大器产生自激等不良后果。式（3-11）和式（3-12）表明，放大器的输入导纳和输出导纳由于 y_{re} 不为零而与 Y_L' 和 Y_S 有关。

下面以放大器的输入导纳为例来进行分析说明。因为放大器的输入端与谐振回路相连，其等效电路如图 3-8 所示。由图可见，放大器的输入导纳 $Y_i = y_{ie} + Y_F = y_{ie} - y_{re}y_{fe}/$

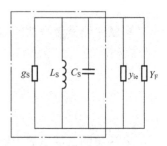

图 3-8　等效输入电路

$(y_{oe}+Y'_L)$。其中，$Y_F=g_F+jb_F=-y_{re}y_{fe}/(y_{oe}+Y'_L)$。值得注意的是，$Y_F$是频率的函数，在某些频率上，$g_F$有可能为负值，回路的总电导将可能减小甚至为零，$Q_L$将趋于无限大，放大器处于自激振荡状态。

3.4.2 稳定措施

由于y_{re}的反馈作用，晶体管是一个双向器件。使晶体管y_{re}的反馈作用消除的过程称为单向化。单向化的目的就是提高放大器的稳定性。单向化的方法有中和法和失配法。

1. 中和法

所谓中和法，是指在晶体管放大器的输出与输入之间引入一个附加的外部反馈电路，以抵消晶体管内部y_{re}的反馈作用。

图3-9所示是具有中和电路的放大器。放大器输入电压$\dot{V}_i$经晶体管放大，在谐振回路得到电压$\dot{V}_{21}$。由于y_{re}的内部反馈，产生反馈电流为$y_{re}\dot{V}_{21}$，而外部反馈电路Y_N取自电压$\dot{V}_{45}$，其反馈电流为$Y_N\dot{V}_{45}$。从抵消y_{re}的反馈来说，这两个电流对输入端应是大小相等、方向相反。可见，在Y_N与y_{re}同性质条件下，$\dot{V}_{45}$与$\dot{V}_{21}$的相位差应是180°，两电流正好抵消，对输入电流就不会产生反馈的影响。

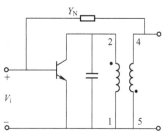

图3-9　具有中和电路的放大器

通常，y_{re}的实部很小，可以忽略。为了简单方便，常采用一个电容C_N来抵消y_{re}虚部中的电容反馈，达到中和的目的。由于虚部中的C_{re}与$C_{b'c}$有关，常用$C_{b'c}$代替C_{re}来对C_N进行相应的计算。图3-10给出了中和电路的两种形式。其中，图3-10a较常用，它能确保内外反馈的相位相反。中和电容C_N的数值为

$$C_N=\frac{V_{12}}{V_{32}}C_{b'c}=\frac{N_{12}}{N_{32}}C_{b'c}$$

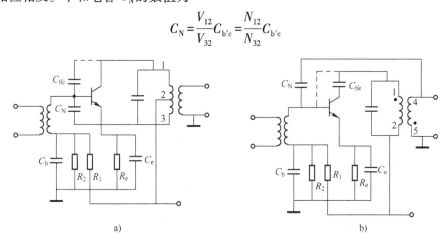

a)　　　　　　　　　　　　　b)

图3-10　中和电路的连接

对于图3-10b所示的电路，在相位上由变压器耦合的同名端的选取来保证外电路反馈电压与内反馈电压的相位相反。中和电容C_N的数值为

$$C_N=\frac{V_{12}}{V_{45}}C_{b'c}=\frac{N_{12}}{N_{45}}C_{b'c}$$

应特别注意的是，严格的中和很难达到。因为晶体管的 y_{re} 是随频率变化的，而 C_N 不随频率变化，所以只能对一个频率点起到完全中和的作用。

2. 失配法

失配法的实质是降低放大器的电压增益，以确保满足稳定的要求。可以选用合适的接入系数 p_1、p_2，或在谐振回路两端并联阻尼电阻来降低电压增益。在实际运用中，较多的是采用共射-共基级联放大器，其等效电路如图 3-11 所示。由于后级共基晶体管的输入导纳较大，对于前级共射晶体管来说，它是负载。大的负载导纳使电压增益降低，但它仍有较大的电流增益。后级共基放大的电流增益小，电压增益大。组合后的放大器的总电压增益和功率增益都与单管共射放大电路差不多，但稳定性高。从图 3-11 中可以看出，输入回路与晶体管采用部分接入，而输出回路与晶体管直接接入，这是由于共基晶体管输出电阻很大，不需要部分接入。

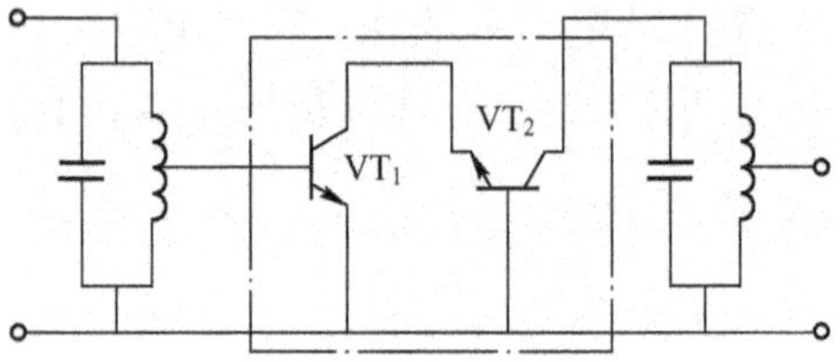

共射-共基级联晶体管可以等效为一个共射晶体管。在晶体管 $y_{ie} \gg y_{re}$、$y_{fe} \gg y_{ie}$、$y_{fe} \gg y_{oe}$、$y_{fe} \gg y_{re}$ 的条件下，可证明相同晶体管组成的共射-共基组态的等效晶体管的 Y 参数为

图 3-11　共射-共基级联放大器

$$y_i' \approx y_{ie}；\ y_r' = \frac{y_{re}}{y_{fe}}(y_{re}+y_{oe})；\ y_f' \approx y_{fe}；\ y_o' \approx y_{re}$$

从上式可知，共射-共基复合管的输入导纳 y_i' 和正向传输导纳 y_f' 大致与单管参数相等，反向传输导纳 y_r' 远小于单管的 y_{re}，约小一二个数量级。这说明复合管内部反馈很弱，放大器的工作稳定性提高了，而输出导纳 y_o' 也只是单管的几分之一。

3.5　谐振放大器常用电路

前面几节讨论了各种晶体管谐振放大器的特性和分析方法以及放大器的稳定性问题。本节主要介绍几种谐振放大器的常用电路。

1. 二级中频放大器

图 3-12 是国产某调幅通信机接收部分所采用的二级中频放大器电路图。前两级是由两个晶体管 CG36 组成的共射-共基级联电路，末级是由晶体管 3DG6B 组成的共射电路。放大器的中心频率为 30 MHz，通频带为 10~11 MHz，增益为 20~30 dB。输入端灵敏度为 5~6 μV。与电源 -12 V 连接的三个 100 μH 电感与四个 1500 pF 的电容是去耦电滤波器，其作用是消除输出信号通过公共电源的内阻抗对前级产生的寄生反馈。

2. MC1590 构成的选频放大器

图 3-13 是由 MC1590 构成的选频放大器。集成放大器件 MC1590 具有工作频率高、不易自激的特点，并带有自动增益控制的功能。其内部结构为一个双端输入、双端输出的全差动式电路。放大器件的输入和输出各有一个单谐振回路。输入信号 v_i 通过隔直流电容 C_4 加到输入端的①脚，另一输入端的③脚通过电容 C_3 交流接地，输出端的⑥脚连接电源正端，并通过电容 C_5 交流接地，故电路是单端输入、单端输出。由 L_3 和 C_6 构成去耦滤波器，减小输出级信号通过供电电源对输入级的寄生反馈。

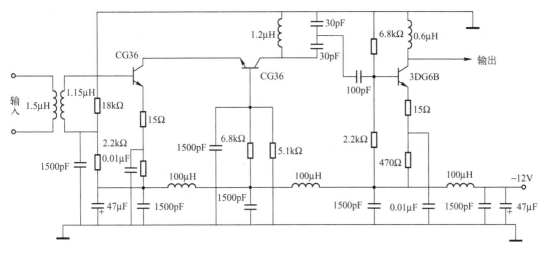

图 3-12 共射-共基前置中频放大器电路实例

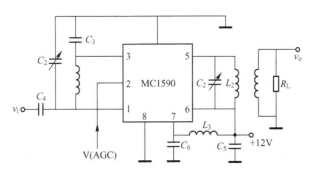

图 3-13 MC1590 构成的选频放大器

3. 彩电图像中频放大电路

日本东芝公司的单片集成电路 TA7680AP 是两片式集成电路彩色电视机中的图像、伴音通道芯片。该芯片包括中频放大、视频检波、伴音鉴频等部分。图 3-14 给出了外接前置中放 SAWF 和 TA7680AP 内部中频放大部分的电路图。从电视机高频调谐器送来的图像、伴音中频信号（载频为 38 MHz，带宽为 8 MHz），由分立元件组成的前置带宽放大器进行预放大后，进入声表面波滤波器 SAWF（作为一个带通滤波器），然后由 TA7680AP 的⑦、⑧脚双端输入，经三级相同的具有 AGC 特性的高增益宽频带放大器之后，送入 TA7680AP 内的检波电路。这是一个集中选频放大电路。彩电图像中频放大电路与外接前置电路如图 3-14 所示。

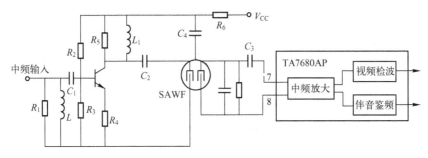

图 3-14 彩电图像中频放大电路与外接前置电路

3.6 Multisim 仿真实例

1. 单调谐回路放大器的仿真

单调谐放大器是由单调谐回路作为交流负载的放大器。图 3-15 所示为一个共发射极的单调谐放大器，它是接收机中的一种典型的高频小信号调谐放大器电路。

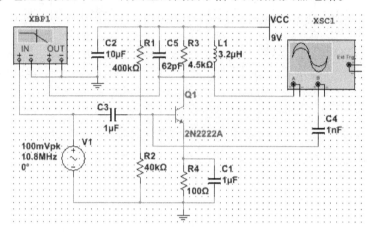

图 3-15 单调谐放大器电路

在图 3-15 中，R1、R2 是放大器的偏置电阻，R4 是直流负反馈电阻，C1 是旁路电容，它们起到稳定放大器静态工作点的作用。L1、R3、C5 组成并联谐振回路，它与晶体管一起起着选频放大作用。为了防止晶体管的输出与输入导纳直接并入 LC（L1、R3、C5）谐振回路，影响回路参数，以及为防止电路的分布参数影响谐振频率，同时也为了放大器的前后级匹配，该电路采用部分接入方式。R3 的作用是降低放大器输出端调谐回路的品质因数 Q 值，以加宽放大器的通频带。

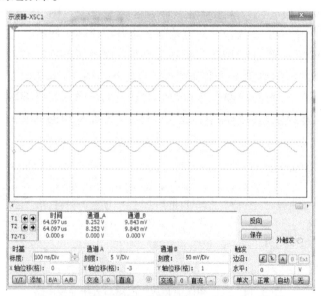

图 3-16 单调谐回路放大器输入、输出电压波形

按下仿真开关,可以得到单调谐回路放大器输入、输出电压波形,如图 3-16 所示。放大倍数约为 100。波特仪显示出单调谐回路放大器的幅频特性如图 3-17 所示,相频特性如图 3-18 所示。

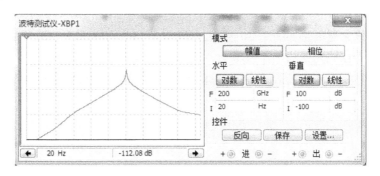

图 3-17　单调谐回路放大器的幅频特性

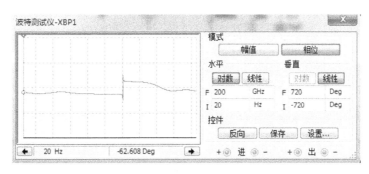

图 3-18　单调谐回路放大器的相频特性

用"仿真"菜单中"分析"下的"交流分析"命令,得到单调谐回路放大器的幅频特性、相频特性,如图 3-19 所示。

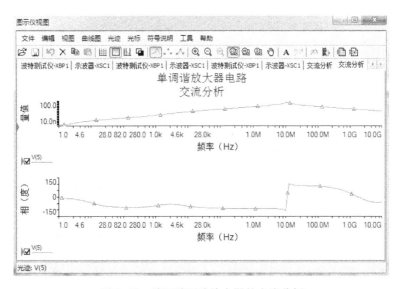

图 3-19　单调谐回路放大器的交流分析

2. 双调谐回路放大器的仿真

双调谐回路放大器具有较好的选择性、较宽的通频带,并能较好地解决增益与通频带之间的矛盾,因而广泛用于高增益、宽频带、选择性要求高的场合。但双调谐回路放大器的调整较为困难。

双调谐回路放大器电路如图 3-20 所示,是由 L1、L2、C4、C5、C6 组成的双调谐回路。并联谐振回路调谐在放大器的工作频率上,则放大器的增益就很高,偏离这个频率放大器的放大作用就下降。图 3-21 所示的波形为仿真测出的双调谐回路放大器输入、输出电压波形。

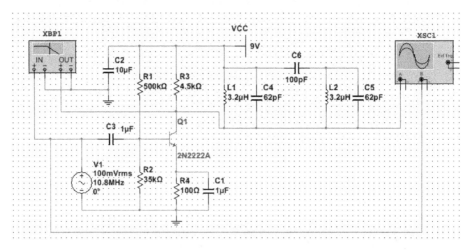

图 3-20　双调谐回路放大器电路

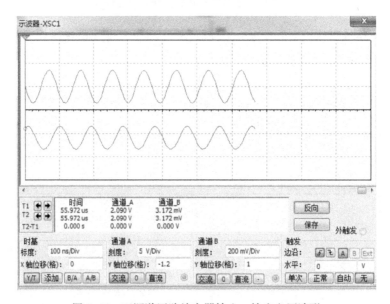

图 3-21　双调谐回路放大器输入、输出电压波形

双调谐回路放大器比单调谐回路放大器通频带宽。波特仪显示出双调谐回路放大器的幅频特性和相频特性,分别如图 3-22 和图 3-23 所示。

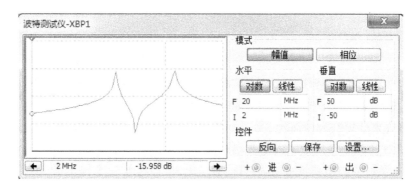

图 3-22　双调谐回路放大器的幅频特性

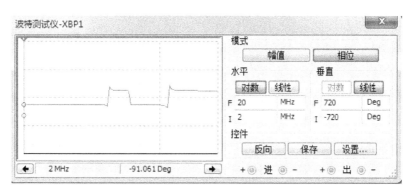

图 3-23　双调谐回路放大器的相频特性

用"仿真"菜单中的"交流分析"命令得到的双调谐回路放大器的幅频特性、相频特性如图 3-24 所示。

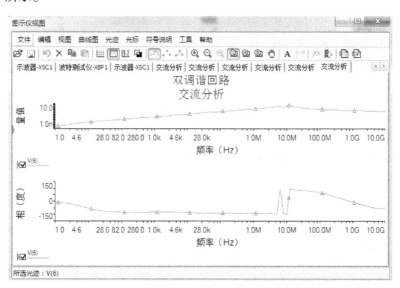

图 3-24　双调谐回路放大器交流分析

习题

1. 晶体管高频小信号放大器为什么一般都采用共发射极电路？

2. 晶体管低频放大器与高频小信号放大器的分析方法有什么不同？高频小信号放大器能否用特性曲线来分析？为什么？

3. 为什么在高频小信号放大器中要考虑阻抗匹配问题？

4. 小信号放大器的主要质量指标有哪些？设计时遇到的主要问题是什么？解决办法如何？

5. 某晶体管的特征频率 $f_T = 250\,\text{MHz}$，$\beta_0 = 50$。求该管在 $f = 1\,\text{MHz}$、$20\,\text{MHz}$ 和 $50\,\text{MHz}$ 时的 β 值。（注：$f_T = \beta_0 f_\beta$）

6. 某晶体管在 $V_{CE} = 10\,\text{V}$，$I_E = 1\,\text{mA}$ 时的 $f_T = 250\,\text{MHz}$，又 $r_{bb'} = 70\,\Omega$，$C_{b'c} = 3\,\text{pF}$，$\beta_0 = 50$。求该管在频率 $f = 10\,\text{MHz}$ 时的共射电路的 Y 参数。

7. 对于收音机的中频放大器，其中心频率为 $f_0 = 465\,\text{kHz}$，$B = 8\,\text{kHz}$，回路电容 $C = 200\,\text{pF}$，试计算回路电感和 Q_L 值。若电感线圈的 $Q_0 = 100$，问在回路上应并联多大的电阻才能满足要求？

8. 已知电视伴音中频并联谐振回路的 $B = 150\,\text{kHz}$，$f_0 = 6.5\,\text{MHz}$，$C = 47\,\text{pF}$，试求回路电感 L，品质因数 Q_0，信号频率为 $6\,\text{MHz}$ 时的相对失谐。欲将带宽增大一倍，回路需并联多大的电阻？

9. 在图 3-25 中，已知用于 FM（调频）波段的中频调谐回路的谐振频率 $f_0 = 10.7\,\text{MHz}$，$C_1 = C_2 = 15\,\text{pF}$，空载 Q 值为 100，$R_L = 100\,\text{k}\Omega$，$R_S = 30\,\text{k}\Omega$。试求回路电感 L、谐振阻抗、有载 Q 值和通频带。

10. 如图 3-26 所示的并联谐振回路，信号源与负载都是部分接入的。已知 R_S、R_L，并已知回路参数 L、C_1、C_2 和空载品质因数 Q_0，试求：

（1）f_0 与 B；

（2）R_L 不变，要求总负载与信号源匹配，如何调整回路参数？

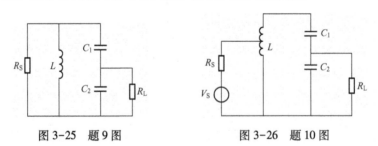

图 3-25 题 9 图   图 3-26 题 10 图

11. 设有一级共射单调谐放大器，谐振时 $|K_{V0}| = 20$，$B = 6\,\text{kHz}$，若再加一级相同的放大器，那么两级放大器总的谐振电压放大倍数和通频带各为多少？又若总通频带保持为 $6\,\text{kHz}$，问每级放大器应如何变动？改动后总放大倍数为多少？

12. 某单级小信号调谐放大器的交流等效电路如图 3-27 所示，要求谐振频率 $f_0 = 10\,\text{MHz}$，通频带 $B = 500\,\text{kHz}$，谐振电压增益 $K_{V0} = 100$，在工作点和工作频率上测得晶体管

Y 参数为

$$y_{ie} = (2+j0.5)\,mS, \quad y_{re} \approx 0$$
$$y_{fe} = (20-j5)\,mS, \quad y_{oe} = (20+j40)\,\mu S$$

若线圈 $Q_0 = 60$，试计算：谐振回路参数 L、C 及外接电阻 R 的值。

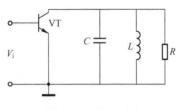

图 3-27　题 12 图

13. 图 3-28 所示为一高频小信号放大电路的交流等效电路，已知工作频率为 10.7 MHz，一次线圈的电感量为 $4\,\mu H$，$Q_0 = 100$，接入系数 $n_1 = n_2 = 0.25$，负载电导 $g_L = 1\,mS$，放大器的参数为：$|y_{fe}| = 50\,mS$，$g_{oe} = 200\,\mu S$。试求放大器的电压放大倍数与通频带。

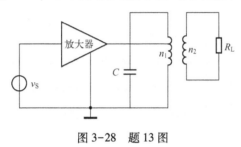

图 3-28　题 13 图

14. 为什么晶体管在高频工作时要考虑单向化和中和问题，而在低频工作时则可以不必考虑？

15. 影响谐振放大器稳定性的因素是什么？反馈导纳的物理意义是什么？

第4章 高频调谐功率放大器

4.1 概述

在低频放大电路中，为了获得足够大的低频输出功率，必须采用低频功率放大器。同样，在高频范围，为了获得足够大的高频输出功率，也必须采用高频功率放大器。例如，本书第 1 章绪论中所示发射机框图中的高频部分，由于在发射机里的振荡器所产生的高频振荡功率很小，因此在它后面要经过一系列的放大-缓冲级、中间放大级、末级功率放大级，获得足够的高频功率后，才能馈送到天线上辐射出去。这里所提到的放大级都属于高额功率放大器的范畴。

由此可见，高频调谐功率放大器是各种无线电发射机的主要组成部分，在高频电子线路中占有重要地位。由于其激励信号大，它的分析方法、指标要求、工作状态等方面都不同于高频小信号调谐放大器。高频调谐功率放大器也是一种以谐振电路作负载的放大器。它和小信号调谐放大器的主要区别在于：小信号调谐放大器的输入信号很小，在微伏到毫伏数量级，晶体管工作于线性区域；它的功率很小，但通过阻抗匹配，可以获得很大的功率增益（30~40 dB）；小信号放大器一般工作在甲类状态，效率较低。而调谐功率放大器的输入信号要大得多，为几百毫伏到几伏，晶体管工作延伸到非线性区域——截止区和饱和区。这种放大器的输出功率大，以满足天线发射或其他负载要求，效率较高，一般工作在丙类状态。

高频调谐功率放大器是一种能量转换器件，它是将电源供给的直流能量转换为高频交流输出。高频功率放大器的种类很多，工作频率也很高，可以达到几百 MHz，甚至几十 GHz。按其工作频率的宽窄划分为窄带和宽带两种。窄带高频功率放大器通常以谐振电路作为输出回路，故又称为调谐功率放大器；宽带高频功率放大器的输出电路则是传输线、变压器或其他宽带匹配电路，因此又称为非调谐功率放大器。本章主要讨论调谐功率放大器。

放大器按照电流导通角 θ_c 的大小分类，可分为甲（A）类、甲乙（AB）类、乙（B）类、丙（C）类、丁（D）类、戊（E）类等。甲类放大器的电流导通角 $\theta_c = 180°$，适用于小信号低功率放大。乙类放大器的电流导通角 $\theta_c = 90°$，甲乙类放大器的电流导通角 $90° < \theta_c < 180°$，这两类放大器主要用于功率放大，但其效率还不够高。高频功率放大器通常工作于丙类状态，即电流导通角 $\theta_c < 90°$。由于处在丙类状态时，放大器的电流波形有较大的失真，因此只能用调谐回路作为负载，以滤除谐波分量，选出信号基波，从而消除失真。功率放大器常见的几种工作状态的特点见表 4-1。

表 4-1 功率放大器常见的几种工作状态的特点

工作状态	电流导通角	理想效率	负 载	应 用
甲类	$\theta_c = 180°$	50%	电阻	低频
乙类	$\theta_c = 90°$	78.5%	推挽回路	低频、高频

工作状态	电流导通角	理想效率	负　　载	应　　用
甲乙类	$90° < \theta_c < 180°$	$50\% < \eta < 78.5\%$	推挽回路	低频
丙类	$\theta_c < 90°$	$\eta > 78.5\%$	选频回路	高频
丁类	开关状态	$90\% \sim 100\%$	选频回路	高频

按高频调谐功率放大器的工作频率、输出频率、用途等的不同要求，可以采用晶体管或电子管作为它的电子器件。晶体管有耗电少、体积小、质量轻、寿命长等优点，在许多场合得到应用。但是对于千瓦级以上的发射机，大多还是采用电子管调谐功率放大器。本章主要讨论晶体管调谐功率放大器。

高频调谐功率放大器的主要技术指标是输出功率、效率和谐波抑制度（输出中的谐波分量应尽量小）等。高频功率放大器因工作于非线性区域，用解析法分析较困难，故工程上普遍采用近似的分析方法——折线法来分析其工作原理和工作状态。

4.2　调谐功率放大器的工作原理

4.2.1　基本工作原理

调谐功率放大器的基本原理电路如图 4-1 所示。输入信号（即激励信号）v_b 经变压器 T_1 耦合到晶体管基-射极。V_{CC} 是直流电源电压，V_{BB} 是基极偏置电源电压。这里 V_{BB} 和小信号调谐放大器的偏置不同，是采用反相偏置，目的是使放大器工作在丙类。当没有激励信号 v_b 时，晶体管处于截止状态，$i_C = 0$。LC 并联谐振回路为集电极负载，它调谐在激励信号的频率上。放大后的信号通过变压器 T_2 耦合到负载 R_L 上。

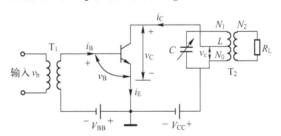

图 4-1　高频调谐功率放大器原理电路

当放大器工作于谐振状态时，它的外部特性方程为

$$\begin{cases} v_B = -V_{BB} + V_{bm}\cos\omega t \\ v_C = V_{CC} - V_{cm}\cos\omega t \end{cases} \tag{4-1}$$

4.2.2　晶体管特性的折线化

所谓折线近似分析法，是将电子器件的特性理想化，每条特性曲线用一组折线来代替。这样就忽略了特性曲线弯曲部分的影响，简化了电流的计算，虽然计算精度较低，但仍可满足工程的需要。此分析法在一定程度上能反映出特性曲线的基本特点，对于分析大幅度电压

或电流作用下的非线性电路有一定的准确度，常用来分析调谐功率放大器、大信号调幅和检波。

图 4-2a、b 是晶体管静态特性，c、d 是利用折线近似分析法折线后晶体管的转移特性（以集电极电压 v_C 为常量的集电极电流和基极电压的关系）和输出特性。由图 4-2c、d 可见，转移特性可用两段直线 OA 和 AB 近似，而输出特性则要用三段直线 EO、OC、CD 近似。斜线 OC 穿过每一条静态输出特性曲线的拐点——临界点，称为临界线。在低频电子线路课程中讲过，晶体管的工作区可分为饱和区、放大区与截止区。在高频功率放大器中，又可根据调谐功率放大器在工作时是否进入饱和区，将放大器分为欠电压、过电压和临界三种工作状态。若在整个周期内，晶体管工作不进入饱和区，即在任何时刻都工作在放大区，称放大器工作在欠电压工作状态，此时有 $v_{Cmin} > V_{CES}$（$v_{Cmin} = V_{CC} - V_{cm}$ 为晶体管集电极电压最低点，V_{CES} 为集电极饱和压降）；若刚刚进入饱和区的边缘，称放大器工作在临界工作状态，此时有 $v_{Cmin} = V_{CES}$；若晶体管工作时有部分时间进入饱和区，则称放大器工作在过电压工作状态，此时有 $v_{Cmin} < V_{CES}$。

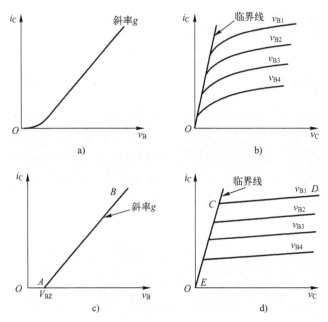

图 4-2　晶体管特性及其折线化

a）晶体管静态转移特性曲线　b）实际输出特性曲线
c）转移特性曲线的折线化　d）输出特性曲线的折线化

临界线是一条斜率为 g_{cr} 的通过原点的直线，因此，临界线方程可写为

$$i_C = g_{cr} v_C \tag{4-2}$$

式（4-2）中，g_{cr} 具有电导的量纲。

再来讨论晶体管转移特性曲线的折线近似分析法。在转移特性的放大区，折线化后的 AB 线斜率为 g（约几十到几百 mS）。此时，理想静态特性可用下式表示：

$$i_C = \begin{cases} g(v_B - v_{BZ}), & v_B > v_{BZ} \\ 0, & v_B < v_{BZ} \end{cases} \tag{4-3}$$

式（4-3）中，g 称为跨导。式（4-2）与式（4-3）是折线近似分析法的基础。

4.2.3 集电极余弦电流脉冲的分解

由于高频调谐功率放大器采用的是反向偏置，在静态时，管子处于截止状态。设输入信号为

$$v_b = V_{bm}\cos\omega t \tag{4-4}$$

则加到晶体管基-射极的电压为

$$v_B = -V_{BB} + V_{bm}\cos\omega t \tag{4-5}$$

式中，V_{BB} 是基极反偏压。

激励信号 v_b 足够大，超过反偏压 V_{BB} 及晶体管起始导通电压 V_{BZ} 之和时，管子才导通。这样，管子只有在一周期的小部分时间导通。所以集电极电流是周期性的余弦脉冲，波形如图 4-3 所示。通常把集电极电流导通时间对应角度的一半称为集电极电流的导通角，用符号 θ_c 表示。由图 4-3 可知，当 $\theta_c < 90°$ 时，表明管子导通不到半个周期，显然晶体管工作在丙类状态。

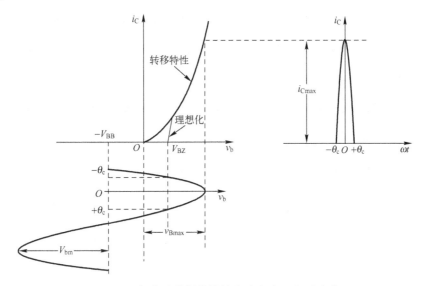

图 4-3　折线法分析非线性电路电流、电压波形

将 v_B 表达式代入式（4-3）可得 i_C 的表达式：

$$i_C = g(-V_{BB} + V_{bm}\cos\omega t - V_{BZ}) \tag{4-6}$$

根据导通角的定义，当 $\omega t = \theta_c$ 时，$i_C = 0$，即

$$g(-V_{BB} + V_{bm}\cos\omega t - V_{BZ}) = 0 \tag{4-7}$$

由此可得导通角 θ_c 与 V_{BB}、V_{bm}、V_{BZ} 间的关系：

$$\cos\theta_c = \frac{V_{BB} + V_{BZ}}{V_{bm}} \tag{4-8}$$

导通角是高频调谐功率放大器的重要参数，知道了 V_{BB}、V_{bm}、V_{BZ} 各值，θ_c 值便可确定。

由式（4-6）可知，$|\omega t| \geq \theta_c$ 时，$-V_{BB} + V_{bm}\cos\omega t < V_{BZ}$，管子截止，$i_C = 0$，当 $|\omega t| < \theta_c$ 时，$-V_{BB} + V_{bm}\cos\omega t > V_{BZ}$，管子才导通，$i_C \neq 0$。即在一个输入信号周期内，仅在 $-\theta_c < \omega t < \theta_c$ 范

围内有电流 i_C，其余时间 i_C 为零。因此，i_c 波形是被切除了下部的余弦脉冲。

周期性余弦脉冲电流可用傅里叶级数展开。为此，需要求得余弦脉冲电流的幅度 I_{Cmax}，将式（4-8）代入式（4-6）得到

$$i_C = gV_{bm}(\cos\omega t - \cos\theta_c) \tag{4-9}$$

当 $\omega t = 0$ 时，电流 i_C 为最大值，以 I_{Cmax} 表示：

$$I_{Cmax} = gV_{bm}(1 - \cos\theta_c) \tag{4-10}$$

这样电流 i_C 又可写成

$$i_C = \frac{I_{Cmax}}{1 - \cos\theta_c}(\cos\omega t - \cos\theta_c) \tag{4-11}$$

电流 i_C 的傅里叶级数展开式为

$$i_C = I_{C0} + \sum_{n=1}^{\infty} I_{cnm}\cos n\omega t \tag{4-12}$$

其中，直流分量 I_{C0} 为

$$I_{C0} = \frac{1}{2\pi}\int_{-\pi}^{\pi} i_C \mathrm{d}(\omega t) = \frac{1}{2\pi}\int_{-\theta_c}^{\theta_c} i_C \mathrm{d}(\omega t) = \frac{1}{2\pi}\int_{-\pi}^{\pi} I_{Cmax}\frac{\cos\omega t - \cos\theta_c}{1 - \cos\theta_c}\mathrm{d}(\omega t)$$
$$= i_{Cmax}\frac{\sin\theta_c - \theta_c\cos\theta_c}{\pi(1 - \cos\theta_c)} \tag{4-13}$$

基波分量幅值为

$$I_{cm1} = \frac{1}{\pi}\int_{-\theta_c}^{\theta_c} i_c\cos\omega t\mathrm{d}(\omega t) = i_{Cmax}\frac{\theta_c - \sin\theta_c\cos\theta_c}{\pi(1 - \cos\theta_c)} \tag{4-14}$$

$$I_{cmn} = \frac{1}{\pi}\int_{-\theta_c}^{\theta_c} i_C\cos n\omega t\mathrm{d}(\omega t)$$
$$= i_{Cmax}\frac{2(\sin n\theta_c\cos\theta_c - n\cos n\theta_c\sin\theta_c)}{\pi n(n^2 - 1)(1 - \cos\theta_c)}, \quad n = 2,3,\cdots \tag{4-15}$$

以上诸式可简写为

$$I_{C0} = \alpha_0(\theta_c)i_{Cmax} \tag{4-16}$$
$$I_{cm1} = \alpha_1(\theta_c)i_{Cmax} \tag{4-17}$$
$$I_{cmn} = \alpha_n(\theta_c)i_{Cmax} \tag{4-18}$$

式中，α_0、α_1、α_n 是 θ_c 的函数，称为余弦脉冲电流的分解系数，它们是

$$\alpha_0(\theta_c) = \frac{\sin\theta_c - \theta_c\cos\theta_c}{\pi(1 - \cos\theta_c)} \tag{4-19}$$

$$\alpha_1(\theta_c) = \frac{\theta_c - \cos\theta_c\sin\theta_c}{\pi(1 - \cos\theta_c)} \tag{4-20}$$

$$\alpha_n(\theta_c) = \frac{2(\sin n\theta_c\cos\theta_c - n\cos n\theta_c\sin\theta_c)}{\pi n(n^2 - 1)(1 - \cos\theta_c)} \tag{4-21}$$

α_0、α_1、α_n 与 θ_c 的关系如图 4-4 所示。

根据以上讨论，可以得出如下结论：调谐功率放大器的激励信号大，它的转移特性曲线可用折线近似。当集电极电流是周期性的余弦脉冲时，只要知道电流的导通角 θ_c，就可求

得各次谐波的分解系数 α。若电流的峰值也已知，电流各次谐波分量就完全确定。利用这种方法分析非线性回路，计算十分方便。

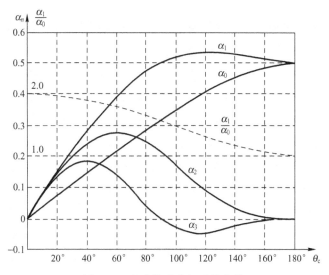

图 4-4 余弦脉冲分解系数曲线

4.2.4 功率与效率

从能量转换方面看，放大器是通过晶体管把直流功率转换成交流功率，通过 LC 并联谐振回路把脉冲功率转换为正弦功率，然后传输给负载。在能量的转换和传输过程中，不可避免地会产生损耗，所以放大器的效率不能达到 100%。功率放大器功率大，相应地电源供给、管子发热等问题也大。为了尽量减小损耗，合理地利用晶体管和电源，必须分析功率放大器的功率和效率问题。

在高频调谐功率放大器中需要分析的功率有：电源供给的直流功率 P_S、晶体管集电极输出的交流功率 P_o、由 LC 并联谐振回路送给负载 R_L 的交流功率 P_L 和晶体管损耗功率 P_C，且有

$$P_S = P_o + P_C \tag{4-22}$$

晶体管转换能量的效率叫作集电极效率，以 η_c 表示，其计算式为

$$\eta_c = \frac{P_o}{P_S} \tag{4-23}$$

电源供给功率 P_S 和交流输出功率 P_o 可分别表示为

$$P_S = V_{CC} I_{C0} \tag{4-24}$$

$$P_o = \frac{1}{2} V_{cm} I_{cm1} = \frac{V_{cm}^2}{2R_p} = \frac{1}{2} I_{cm1}^2 R_p \tag{4-25}$$

式中，R_p 指 LC 并联谐振回路对基频谐振呈纯电阻性。

集电极效率 η_c 为

$$\eta_c = \frac{P_o}{P_S} = \frac{V_{cm} I_{cm1}}{2V_{CC} I_{C0}} = \frac{V_{cm} \alpha_1(\theta_c) i_{Cmax}}{2V_{CC} \alpha_0(\theta_c) i_{Cmax}} = \frac{1}{2} \xi g_1(\theta_c) = \frac{1}{2} \xi \frac{\alpha_1(\theta_c)}{\alpha_0(\theta_c)} \tag{4-26}$$

式中，$\xi=\dfrac{V_{cm}}{V_{CC}}$ 称为集电极电压利用系数，$g_1(\theta_c)=\dfrac{I_{cm1}}{I_{C0}}$ 称为波形系数，它是导通角 θ_c 的函数，θ_c 越小，则 $g_1(\theta_c)$ 越大。$\dfrac{\alpha_1(\theta_c)}{\alpha_0(\theta_c)}$ 是余弦脉冲基波分量和直流分量分解系数之比，代表集电极电流基波幅值与直流电流之比，称为集电极电流利用系数。显然，$\dfrac{\alpha_1(\theta_c)}{\alpha_0(\theta_c)}$ 是 θ_c 的函数，如图 4-4 所示。图中曲线表明，θ_c 越小，$\dfrac{\alpha_1(\theta_c)}{\alpha_0(\theta_c)}$ 越大。在极限情况下，$\theta_c=0$，$\dfrac{\alpha_1(\theta_c)}{\alpha_0(\theta_c)}=2$，即基波电流为直流电流的两倍。在实际工作中 θ_c 也不宜太小，因为 θ_c 小，虽然 $\dfrac{\alpha_1(\theta_c)}{\alpha_0(\theta_c)}$ 大，但 α_1 太小，则 I_{cm1} 也小，就会造成输出功率过小。为了兼顾输出功率和效率两个方面，通常取 $\theta=70°$ 为最佳导通角。

4.3 调谐功率放大器的工作状态分析

高频功率放大器的工作状态决定于负载阻抗 R_p 和电压 V_{CC}、V_{BB}、V_b 四个参数。为了讨论调谐功率放大器不同工作状态对电压、电流、功率和效率的影响，需要对调谐功率放大器的动态特性与负载特性进行分析。

4.3.1 调谐功率放大器的动态特性与负载特性

调谐功率放大器的动态特性是针对静态特性而言的，是晶体管内部特性和外部特性结合起来的特性（即实际放大器的工作特性）。晶体管内部特性是在无载情况下，晶体管的输出特性和转移特性（即晶体管的静态特性，见图 4-2）。晶体管外部特性是在有载情况下，晶体管输入、输出电压（v_B、v_C）同时变化时 i_C—v_B、i_C—v_C 的特性。

当放大器工作于谐振状态时，它的外部特性方程为

$$\begin{cases} v_B=-V_{BB}+V_{bm}\cos\omega t \\ v_C=V_{CC}-V_{cm}\cos\omega t \end{cases} \tag{4-27}$$

由式（4-26）消去 $\cos\omega t$，得

$$v_B=-V_{BB}+V_{bm}\dfrac{V_{CC}-v_C}{V_{cm}} \tag{4-28}$$

内部特性方程

$$i_C=g(v_B-V_{BZ}) \tag{4-29}$$

调谐功率放大器的动态特性同时满足晶体管外部特性式（4-27）和内部特性式（4-29），将式（4-28）代入式（4-29），即可得出在 i_C—v_C 坐标平面上的动态特性曲线方程

$$i_C=g\left(-V_{BB}+V_{bm}\dfrac{V_{CC}-v_C}{V_{cm}}-V_{BZ}\right) \tag{4-30}$$

在回路参数、偏置、激励、电源电压确定后，$i_C=f(v_C)$。它表明放大器的动态特性是一条直线，只需找出两个特殊点，就可把动态线绘出。例如，静态工作点 Q 和起始导通点 B。

对于静态工作点 Q，其特征是 $v_C=V_{CC}$，代入式（4-30）得

$$i_C=g(-V_{BB}-V_{BZ})=-g(V_{BB}+V_{BZ}) \tag{4-31}$$

由于调谐功率放大器 V_{BB} 和 V_{BZ} 的值恒为正，所以 i_C 为负值。Q 点的坐标（见图 4-5）为 $(V_{CC}, -g(V_{BZ}+V_{BB}))$。$Q$ 点位于横坐标的下方，即对应于静态工作点的电流为负，这实际上是不可能的，它说明 Q 点是个假想点，反映了丙类放大器处于截止状态，集电极无电流。

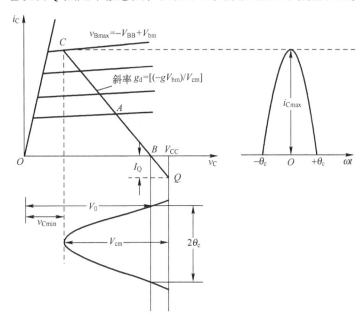

图 4-5　调谐功率放大器的动态特性

对于起始导通点 B，其特征是 $i_C=0$，代入式（4-31）得

$$0=g\left(-V_{BB}+V_{bm}\frac{V_{CC}-v_C}{V_{cm}}-V_{BZ}\right) \tag{4-32}$$

由式（4-32）可得

$$v_C=V_{CC}-V_{cm}\frac{V_{BZ}+V_{BB}}{V_{bm}}=V_{CC}-V_{cm}\cos\theta_c \tag{4-33}$$

此时，$\omega t=\theta, i_C=0$，晶体管刚好处于截止到导通的临界点，B 点的坐标为 $(V_{CC}-V_{cm}\cos\theta_e, 0)$。

连接 Q 点和 B 点的直线并向上延长与 $v_{Bmax}(v_{Bmax}=V_{bm}-V_{BB})$ 相交于 C 点，则直线 BC 段就是晶体管处于放大区的动态线。图中直线 AB 段是晶体管处于截止状态的动态线，此时，$i_C=0$。当放大器工作在临界状态时，C 点刚好在饱和线与动态线的交点；当放大器工作在过电压状态时，C 点沿着饱和线 CO 下滑，此时，i_C 只受 v_C 控制，而不再随 v_B 变化，所以进入过电压区的动态线和输出特性曲线临近饱和线重合的一段线。

下面再讨论高频调谐功放的负载特性。当调谐功率放大器的直流电源电压 V_{CC}、偏置电压 V_{BB} 和激励电压幅值 V_{bm} 一定时，改变谐振回路谐振电阻 R_p 后，放大器的电流、电压、功率与效率等随谐振回路谐振电阻 R_p 的变化特性称为调谐功率放大器的负载特性。

图 4-6 表示在三种不同负载阻抗 R_p 时，作出的三条不同动态特性曲线 QA_1、QA_2、QA_3A_3'。

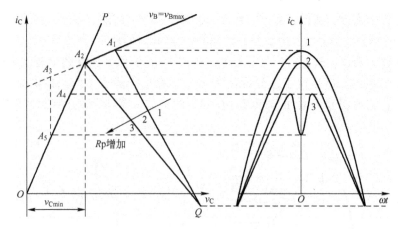

图 4-6　不同负载电阻时的动态特性

其中 QA_1 对应于欠电压工作状态，QA_2 对应于临界状态，QA_3A_3' 对应于过电压状态。QA_1 对应的负载阻抗 R_p 较小，V_{cm} 也较小，集电极电流波形是余弦脉冲。随着 R_p 增加，动态负载线的斜率逐渐减小，V_{cm} 逐渐增大，放大器工作状态由欠电压到临界，此时电流波形仍为余弦脉冲，只是幅值比欠电压时略小。当 R_p 继续增大时，V_{cm} 进一步增大，放大器进入过电压状态工作，此时动态负载线 QA_3 与饱和线相交，此后电流 i_C 随 V_{cm} 沿饱和线下降到 A_3' 点。电流波形顶端下凹，呈马鞍形。

通过以上分析知道，负载阻抗 R_p 变化引起 i_C 电流波形和 I_{C0}、I_{cm1} 的变化，从而引起 V_{cm}、P_o、η_c 等的变化。图 4-7 是放大器的负载特性曲线。

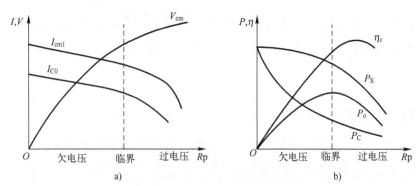

图 4-7　放大器的负载特性曲线

由前述已知，在欠电压状态，R_p 增大，i_{Cmax}、θ_c 略有减小，相应的 I_{C0}、I_{cm1} 也随 R_p 增大而略有减小；电压 $V_{cm} = R_p I_{cm1}$，因 I_{cm1} 略有减小，接近常量，V_{cm} 几乎随 R_p 成正比增加；在临界点后，R_p 再增大，i_C 波形下凹，i_{Cmax} 下降较快，相应地 I_{C0}、I_{cm1} 也很快下降，且 R_p 增大越多，下降越迅速，所以在过电压状态，I_{C0}、I_{cm1} 随 R_p 增大而减小，V_{cm} 随 R_p 增大而略有增加。图 4-7a 表示出了不同工作状态下电流、电压与 R_p 的关系曲线。

在欠电压状态，$P_o = \dfrac{1}{2} I_{cm1}^2 R_p$，$I_{cm1}$ 随 R_p 增大略有减小（基本不变），所以 P_o 随 R_p 增大而增加；在过电压状态，因为 $P_o = \dfrac{V_{cm}^2}{2R_p}$，$V_{cm}$ 随 R_p 增大而增加缓慢（基本不变），所以 P_o 随

R_p 增大而减小；在临界状态，输出功率 P_o 最大。

因为 $P_\text{S}=V_\text{CC}I_\text{C0}$，由于电源电压不变，$P_\text{S}$ 和 I_C0 的变化规律一样；$P_\text{C}=P_\text{S}-P_\text{o}$，随负载 R_p 的变化如图 4-7b 所示。

在欠电压状态，因为 $\eta_\text{c}=P_\text{o}/P_\text{S}$，$P_\text{S}$ 随 R_p 增大而减小，而 P_o 随 R_p 增大而增加，所以 η_c 随 R_p 增大而提高。在过电压状态，$\eta_\text{c}=\dfrac{P_\text{o}}{P_\text{S}}$，$P_\text{S}$ 和 P_o 均随着 R_p 继续增大而下降，但刚过临界点时，P_o 的下降没有 P_S 快，所以继续有所增加，随着 R_p 继续增大，P_o 的下降比 P_S 快，所以 η_c 也相应地有所下降。因此，在靠近临界点的弱过电压区 η_c 的值最大，如图 4-7b 所示。

值得注意的是，在临界状态，输出功率 P_o 最大，集电极效率 η_c 也较高。这时候的放大器工作在最佳状态，因此，放大器工作在临界状态的等效电阻，就是放大器阻抗匹配所需的最佳负载电阻。

通过以上讨论可得出以下结论：

欠电压状态时，电流 I_cm1 基本不随 R_p 变化，放大器可视为恒流源。输出功率 P_o 随 R_p 增大而增加，耗损功率 P_C 随 R_p 减小而增加。当 $R_\text{p}=0$，即负载短路时，集电极损耗功率 R_p 达到最大值，这时有可能烧毁晶体管。因此在时机调整时，千万不可将放大器的负载短路。一般在基极调幅电路中采用欠电压工作状态。

临界状态时，放大器输出功率最大，效率也较高，这时候的放大器工作在最佳状态。一般发射机的末级功放多采用临界工作状态。

过电压状态时，当在弱过电压状态下，输出电压基本不随 R_p 变化，放大器可视为恒压源，集电极效率 η_c 最高。一般在功率放大器的激励级和集电极调幅电路中采用该弱过电压状态。但深度过电压时，i_C 波形下凹严重，谐波增多，一般应用较少。

在实际调整中，调谐功放可能会经历上述三种状态，利用负载特性就可以正确判断各种工作状态，以进行正确的调整。

这里还需要提出的是，在调谐功率放大器设计时，工作状态如何确定。对于固定负载，以工作在临界状态或弱过电压状态为宜。对于变化的负载，在负载电阻高的情况下设计调谐功率放大器工作在临界状态，那么负载电阻变小后，调谐功率放大器将工作在欠电压状态下，就会造成输出功率 P_o 减小而管耗增大，所以在这种情况下，选管子时功率 P_C 一定要充分留有余量；反之，在负载电阻低的情况下设计调谐功率放大器工作在临界状态，那么负载电阻变大后，调谐功率放大器将工作在过电压状态下。过电压时，谐波含量增大，这时可采用 4.4.2 节中介绍的基极自给偏压环节，使过电压深度减轻。

4.3.2 各极电压变化对放大器工作状态的影响

1. V_CC 对放大器工作状态的影响——集电极调制特性

在 V_BB、V_bm、R_p 保持不变时，只改变集电极电源电压 V_CC，谐振功率放大器的工作状态将会跟随变化。当 V_CC 由小增大时，v_Cmin 将跟随增大，放大器的工作状态由过电压状态向欠电压状态变化，i_C 脉冲由凹顶状向尖顶余弦脉冲变化，如图 4-8a 所示。由图 4-8a 可见，在欠电压状态，i_C 脉冲高度变化不大，所以 I_cm1、I_C0 随 V_CC 的变化不大；而在过电压状态，i_C 脉

冲高度随 V_{CC} 的减小而下降，凹陷加深，因而 I_{cm1}、I_{C0} 随 V_{CC} 的减小而较快地下降，并且在 $V_{CC}=0$ 时，I_{cm1}、I_{C0} 都等于零，I_{cm1}、I_{C0} 随 V_{CC} 变化曲线如图 4-8b 所示。因为 $V_{cm}=I_{cm1}R_p$，所以 V_{cm} 与 I_{cm1} 变化规律相同，如图 4-8b 所示。利用这一特性可实现集电极调幅作用，所以把 V_{cm} 随 V_{CC} 变化的曲线称为集电极调制特性。

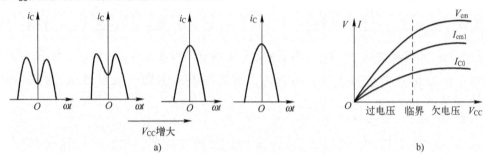

图 4-8　V_{CC} 对放大器工作状态的影响

a）i_C 脉冲形状变化　b）集电极调制特性

2. V_{bm} 对放大器工作状态的影响——振幅特性

在 V_{CC}、V_{BB}、R_p 保持不变时，只改变 V_{bm}，谐振功率放大器的工作状态将会跟随变化。放大器性能随 V_{bm} 变化的特性称为振幅特性，也称为放大特性。当 V_{bm} 由小增大时，管子的导通时间加长，$v_{Bmax}=V_{BB}+V_{bm}$ 增大，从而使得集电极电流脉冲宽度和高度均增加，并出现凹陷，放大器由欠电压状态进入过电压状态. 如图 4-9a 所示。在欠电压状态，V_{bm} 增大时，i_C 脉冲高度增加显著，所以和相应的 V_{cm} 随 V_{bm} 的增加而迅速增大。在过电压状态，V_{bm} 增大时，i_C 脉冲高度虽略有增加，但凹陷也加深，所以 I_{cm1}、I_{C0} 和 V_{cm} 增长缓慢。I_{cm1}、I_{C0} 和 V_{cm} 随 V_{bm} 变化的特性如图 4-9b 所示。

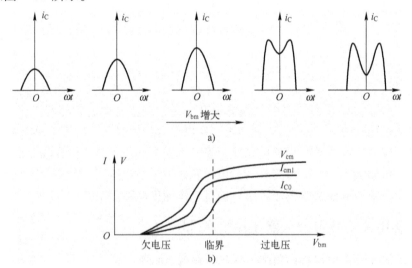

图 4-9　V_{bm} 对放大器工作状态的影响

a）i_C 脉冲形状变化　b）放大特性

3. V_{BB} 对放大器工作状态的影响——基极调制特性

当 V_{CC}、V_{bm}、R_p 保持不变时，基极偏置电压 V_{BB} 变化对放大器工作状态的影响如图 4-10

所示。因为 $v_{Bmax} = V_{BB} + V_{bm}$，所以 V_{bm} 不变，增大 V_{BB} 与 V_{BB} 不变，增大 V_{bm} 的情况是类似的。因此，V_{BB} 由负到正增大时，集电极电流 i_C 脉冲宽度和高度增大，并出现凹陷，放大器由欠电压状态过渡到过电压状态。I_{cm1}、I_{C0} 和相应的 V_{cm} 随 V_{BB} 变化的曲线与振幅特性类似，如图 4-10 所示,利用该特性可实现基极调幅作用，所以，把图 4-10 所示特性曲线称为基极调制特性。

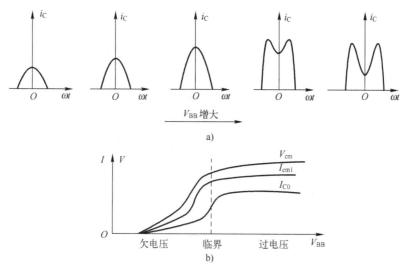

图 4-10 V_{BB} 对放大器工作状态的影响

a) i_C 脉冲形状变化   b) 基极调制特性

4.4 调谐功率放大器的实用电路

4.4.1 集电极直流馈电电路

集电极直流馈电电路有两种连接方式，分别为串馈和并馈。串馈是指直流电源 V_{CC}、负载谐振回路和功率管在电路形式上为串接的一种馈电方式，如图 4-11a 所示。如果把上述三部分并接在一起，如图 4-11b 所示，称为并馈。图 4-11a 中 L' 为高频扼流圈，其对直流是短路的，但对高频则呈现很大的阻抗，可以认为是开路，对高频信号具有"扼制"作用。C' 为旁路电容，对高频具有短路作用，它与 L' 构成电源滤波电路，用以避免信号电流通过直流电源而产生级间反馈，造成工作不稳定。C'' 为隔直耦合电容，对高频呈现很小的阻抗，相当于短路。串馈和并馈仅是指电路结构形式上的不同，就电压关系来说，无论串馈还是并馈，交流电压和直流电压总是串联叠加在一起的，即 $v_C = V_{CC} - V_{cm}cos\omega t$。

串馈和并馈电路各有优缺点，并馈电路中由于有 C'' 隔断直流，谐振回路处于直流的电位上，因而滤波元件可以直接接地，这样它们在电路板上的安装比串馈电路方便。但高频扼流圈 L'、C'' 隔直耦合电容又都处在高频电压下，对调谐回路有不利影响。特别是馈电支路与谐振回路并联，馈电支路的分布电容将使放大器 c-e 端总电容增大，限制了放大器在更高频段工作。

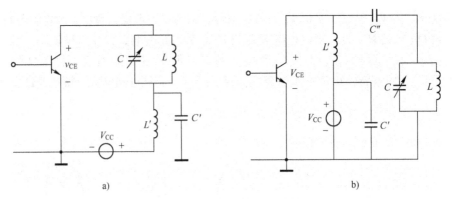

图 4-11　集电极直流馈电电路

a) 串馈　b) 并馈

串馈电路中，由于谐振回路通过旁路电容 C' 直接接地，所以馈电支路的分布参数不会影响谐振回路的工作效率。串馈电路适用于工作在频率较高的情况。但馈电电路的缺点是谐振回路处于直流高电位上，谐振回路元件不能直接接地，调谐时外部参数影响较大，调整不便。

4.4.2　自给偏压电路

调谐功率放大器基极电路的电源 V_{BB} 很少使用独立电源，而一般多利用射极电流或基极电流的直流成分，通过一定的电阻而造成的电压作为放大器的自给偏压。这种方法叫作自给偏压法。

常见的自给偏压电路如图 4-12 所示。图 4-12a 所示是利用基极脉冲 i_B 中的直流成分 I_{B0} 流经 R_B 来产生偏置电压，显然，根据 I_{B0} 的流向它是反向的。由图可见，反向偏置电压 $V_{BB} = -I_{B0}R_B$。C_B 的容量要足够大，以便有效地短路基波及各次谐波电流，使 R_B 上产生稳定的直流压降。改变 R_B 的大小，可调节反向偏置电压的大小。图 4-12b 所示是利用高频扼流圈 L' 中的固有直流电阻来获得反向偏置电压的。

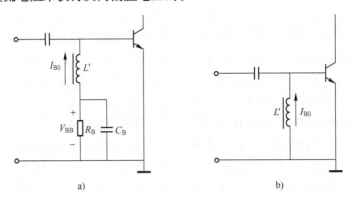

图 4-12　自给偏置电路

在自给偏置电路中，当未加输入信号电压时，因 i_B 为零，所以偏置电压 V_{BB} 也为零。当输入信号电压由小加大时，i_B 随之增大，直流分量 I_{B0} 增大，自给反向偏压随之增大，这种偏置电压随输入信号幅度变化而变化的现象称为自给偏置效应。利用自给偏置效应可以改善电子电路的某些性能。例如，下章讨论的振荡器，利用自给偏置效应可以起到稳定输出电压的作用。

4.4.3 滤波匹配网络

上面介绍的原理电路中，均采用 LC 并联谐振回路作为功率管的负载。由谐振功率放大器的工作原理可知，谐振回路除滤除集电极电流中的谐波成分以外，还应呈现功率管所需的最佳负载电阻，因此，谐振回路实际上起到滤波和匹配的双重作用，故又称为滤波匹配网络。实际电路中，为提高滤波匹配性能，除了用 LC 谐振回路，还常用复杂的网络。

对滤波匹配网络的主要要求是：

1）滤波匹配网络应在所需频带内进行有效的阻抗变换，将实际负载电阻 R_L 变换成放大器所要求的最佳负载电阻 R_{eopt}，使放大器工作在临界状态，以便高效率输出所需功率。在丙类谐振功率放大器中，把 R_L 变换成与最佳负载电阻相等，获得最大功率输出的作用，称为阻抗匹配。

2）滤波匹配网络对谐波应有较强的抑制能力，以便有效地滤除不需要的高次谐波。

3）将有用功率高效率地传送给负载，滤波匹配网络本身的固有损耗应尽可能小。

下面主要讨论滤波匹配网络的阻抗变换特性。

1. L 形滤波匹配网络的阻抗变换

这是由两个异性电抗元件接成"L"形结构的阻抗变换网络，是最简单的阻抗变换电路。4-13a 所示是低阻抗变高阻抗的滤波匹配网络。R_L 为外接实际负载电阻，它与电感支路串联，可减小高次谐波的输出，对提高滤波性能有利。为了提高网络的传输效率，C 应采用高频损耗很小的电容，L 应采用 Q 值高的电感线圈。

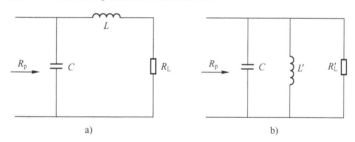

图 4-13 低阻变高阻 L 形滤波匹配网络

a）L 形滤波匹配网络 b）等效电路

将图 4-13a 中 L 和 R_L 串联电路用并联电路等效，则得图 4-13b 所示电路。由串、并联电路阻抗变换关系可知

$$R'_L = (1+Q^2)R_L \qquad (4-34)$$

$$L' = \left(1+\frac{1}{Q^2}\right)L \qquad (4-35)$$

$$Q = \frac{\omega L}{R_L} \qquad (4-36)$$

在工作频率上，图 4-13b 所示并联回路谐振，$\omega L' - \dfrac{1}{\omega C} = 0$，其等效阻抗 R_p 就等于 R'_L。由于 $Q>1$，由式（4-34）可见，$R_p = R'_L > R_L$，即图 4-13a 所示 L 形网络能将低电阻负载变为高电阻负载，其变换倍数取决于 Q 值的大小。为了实现阻抗匹配，在已知 R_L 和 R_p 时，滤波匹配网络的品质因数 Q 可由 R_L 和 R_p 得到，即

$$Q = \sqrt{\frac{R_p}{R_L} - 1} \tag{4-37}$$

如果外接负载电阻 R_L 比较大，而放大器要求的负载电阻 R_p 较小，可采用图 4-14a 所示的高阻变低阻 L 形滤波匹配网络。

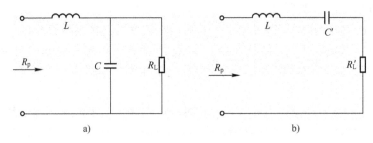

图 4-14　高阻变低阻 L 形滤波匹配网络

a) L 形滤波匹配网络　b) 等效电路

将图 4-14a 中 C、R_L 并联电路用串联电路来等效，如图 4-14b 所示。由串、并联电路阻抗变换关系，可知

$$R'_L = \frac{R_L}{(1+Q^2)} \tag{4-38}$$

$$C' = \left(1 + \frac{1}{Q^2}\right) C \tag{4-39}$$

$$Q = R_L \Big/ \frac{1}{\omega L} = R_L \omega C \tag{4-40}$$

在工作频率上，图 4-13b 所示串联回路谐振，$\omega L - \dfrac{1}{\omega C'} = 0$，其等效阻抗 R_p 就等于 R'_L。由于 $Q>1$，故 $R_p = R'_L < R_L$，即图 4-14a 所示 L 形网络能将高电阻负载变为低电阻负载。在已知 R_L 和 R_p 时，为了实现阻抗匹配，则滤波匹配网络的品质因数 Q 可由 R_L 和 R_p 得到，即

$$Q = \sqrt{\frac{R_L}{R_p} - 1} \tag{4-41}$$

2. π 形和 T 形滤波匹配网络

由于 L 形滤波匹配网络阻抗变换前后的电阻相差 $(1+Q^2)$ 倍，如果实际情况下，要求变换的倍数并不高，这样回路的 Q 值就只能很小，其结果滤波性能很差。为了解决这一矛盾，可采用 π 形和 T 形滤波匹配网络，如图 4-15 所示。

π 形和 T 形网络可分割成两个 L 形网络。应用 L 形网络的分析结果，可以得到它们的阻抗变换关系及元件参数值计算公式。现举例说明如下。

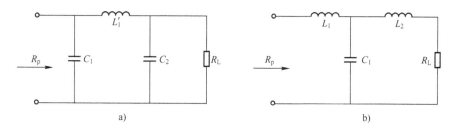

图 4-15   π 形和 T 形滤波匹配网络
a) π 形电路   b) T 形电路

例3.1   π 形滤波匹配网络如图 4-16a 所示。已知 $R_L = 50\,\Omega$、$R_p = 150\,\Omega$、工作频率 $f =$ 50 MHz，试确定阻抗变换网络元件 C_1、C_2、L_1的值。

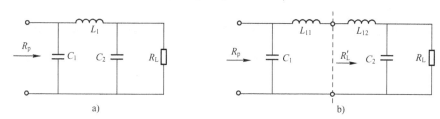

图 4-16   π 形滤波匹配网络
a) π 形电路   b) π 形拆成 L 形电路

解：将图 4-16a 中的 L_1 拆成 L_{11} 和 L_{12} 两部分，L_{12}、C_2 构成高阻变低阻的 L 形网络Ⅱ，而 L_{11}、C_1 构成低阻变高阻的 L 形网络 Ⅰ，Ⅰ、Ⅱ 网络品质因数分别为 Q_1、Q_2，如图 4-16a 所示。现取 $Q_2 = 4$，由式（4-38）可得

$$R'_L = \frac{R_L}{(1+Q_2^2)} = \frac{50}{1+4^2}\,\Omega = 2.94\,\Omega$$

因此，由式（4-37）可得

$$Q_1 = \sqrt{\frac{R_p}{R'_L} - 1} = \sqrt{\frac{150}{2.94} - 1} = 7.07$$

由式（4-40）可求得

$$C_2 = \frac{Q_2}{\omega R_L} = \frac{4}{2\pi \times 50 \times 10^6 \times 50}\,\text{F} = 255 \times 10^{-12}\,\text{F} = 255\,\text{pF}$$

$$C'_2 = \left(1 + \frac{1}{Q_2^2}\right)C_2 = 255 \times \left(1 + \frac{1}{4^2}\right)\,\text{pF} = 271\,\text{pF}$$

$$L_{12} = \frac{1}{\omega^2 C'_2} = \frac{1}{(2\pi \times 50 \times 10^6)^2 \times 271 \times 10^{-12}}\,\text{H} = 37 \times 10^{-9}\,\text{H} = 37\,\text{nH}$$

由式（4-36）可得

$$L_{11} = \frac{Q_1 R'_L}{\omega} = \frac{7.07 \times 2.94}{2\pi \times 50 \times 10^6}\,\text{H} = 0.066 \times 10^{-6}\,\text{H} = 66\,\text{nH}$$

$$L'_{11} = L_{11}\left(1 + \frac{1}{Q_1^2}\right) = 66 \times \left(1 + \frac{1}{7.07^2}\right)\,\text{nH} = 67\,\text{nH}$$

$$C_1 = \frac{1}{\omega^2 L_{11}'} = \frac{1}{(2\pi \times 50 \times 10^6)^2 \times 67 \times 10^{-9}} \text{F} = 151 \times 10^{-12} \text{ F} = 151 \text{ pF}$$

将 L_{11} 和 L_{12} 合并为 L_1，则得

$$L_1 = L_{11} + L_{12} = (66 + 37) \text{ nH} = 103 \text{ nH}$$

因此，图 4-16a 中，$C_1 = 151$ pF、$C_2 = 255$ pF、$L_1 = 103$ nH。

4.4.4 调谐功率放大器电路举例

图 4-17 是工作频率为 160 MHz 的调谐功率放大电路。它向 50 Ω 负载提供 13 W 功率，功率增量达 9 dB。图中集电极采用并馈电路，L' 为高频扼流圈，C_e 为旁路电容，基极采用自给偏置电路。放大器的输入端采用 T 形匹配网络，调节 C_1 和 C_2 使得功率管的输入阻抗在工作频率上变换为前级放大器所需求的 50 Ω 匹配电阻。放大器的输出端采用 L 形匹配网络，调节 C_3 和 C_4，使得 50 Ω 外接负载电阻在工作频率上变换为放大管所需求的匹配电阻 R_e。

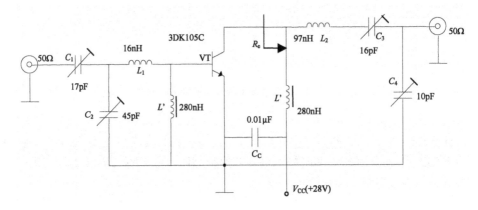

图 4-17　160 MHz 调谐功率放大电路

4.5　晶体管丙类倍频器

倍频器是一种将输入信号频率成整数倍（2 倍，3 倍，…，n 倍）增加的电路。它主要用于甚高频无线电发射机或其他电子设备的中间级。采用倍频器的主要原因有以下几个：

1）降低设备的主振频率。由于振荡器频率越高，稳定性越差，一般采用频率较低而稳定度较高的晶体振荡器，以后加若干级倍频器达到所需频率。基音晶体频率一般不高于 20 MHz，具有高稳定性的晶体振荡频率通常不超过 5 MHz。所以对于要求工作频率高、要求稳定性又严格的通信设备和电子仪器就需要倍频。

2）对于调相或调频发射机，利用倍频器可增加调制度，就可以加大相移或频移。

3）许多通信机在主振级工作波段不扩展的条件下，利用倍频器扩展发射机输出级的工作波段。例如主振器工作在 2~4 MHz，在其后采用 2 倍频或 4 倍频器，该级在波段开关控制下输出级就可获得 2~4 MHz、4~8 MHz、8~16 MHz 三个波段。

倍频器按工作原理可分为两大类：一种是利用 PN 结电容的非线性变化，得到输入信号的谐波，这种倍频器称为参变量倍频器；另一种是丙类倍频器。

本节主要介绍用调谐功率放大器（丙类放大器）构成的倍频器，即所谓丙类倍频器。丙类放大器的电流是脉冲状，所包含的谐波很丰富。如果使集电极回路不是谐振于基频，而是谐振于其中的 n 次谐波，那么，回路对基频和其他谐波的阻抗就很小，而对 n 次谐波的阻抗则达最大，且呈纯电阻性。于是，回路的输出电压和功率就是 n 次谐波。这就起到了倍频作用。如果集电极调谐回路谐振在二次或三次谐波频率上，滤除基波和其他谐波信号，放大器就主要有二次或三次谐波电压输出。这样丙类放大器就成了二倍频器或三倍频器。

下面借助丙类高频放大器的基本分析方法分析丙类倍频器的工作原理。设倍频器的输入电压为

$$v_B = -V_{BB} + V_{bm} \cos\omega t \tag{4-42}$$

输出电压为

$$v_C = V_{CC} - V_{cmn} \cos\omega t \tag{4-43}$$

式中，V_{cmn} 为谐振回路两端 n 次谐波电压幅值。

利用前面分析的结果可知，n 次倍频器输出的功率和效率为

$$P_{on} = \frac{1}{2} V_{cm} I_{cmn} = \frac{1}{2} V_{cmn} \alpha_n(\theta) i_{Cnmax} \tag{4-44}$$

$$\eta_n = \frac{P_{on}}{P_S} = \frac{V_{cmn} I_{cmn}}{2V_{CC} I_{C0}} = \frac{V_{cmn} \alpha_n(\theta_c)}{2V_{CC} \alpha_0(\theta_c)} \tag{4-45}$$

由式（4-44）可见，n 次谐波倍频器的输出功率正比于 n 次谐波的分解系数 $\alpha_n(\theta_c)$。由图 4-4 可知

$$\theta_c = 120° \qquad \alpha_1(\theta_c) = 0.536（最大）$$
$$\theta_c = 60° \qquad \alpha_2(\theta_c) = 0.276（最大）$$
$$\theta_c = 40° \qquad \alpha_3(\theta_c) = 0.185（最大）$$

因此，为了使倍频器的输出功率最大，在 $n = 2$ 时，θ_c 应取60°左右；在 $n = 3$ 时，θ_c 应取 40°左右。这时与 $\theta_c = 120°$时的放大器输出功率相比有

$$\frac{P_{o2}}{P_{o1}} = \frac{\alpha_2(60°)}{\alpha_1(120°)} = 0.52 \approx \frac{1}{2}$$

$$\frac{P_{o3}}{P_{o2}} = \frac{\alpha_3(40°)}{\alpha_1(120°)} = 0.35 \approx \frac{1}{3}$$

由此可见，在采用最佳流通角的情况下，二次倍频器的输出功率只能约等于它作为放大器时的1/2；三次倍频器的输出功率只能约等于放大器时的1/3。与此同时，由式（4-39）可求出它的效率也随倍频次数的增加而下降。

由以上的讨论可见，随着倍频次数 n 的增高，它的输出功率与效率下降。同时，n 值越高，最佳的 θ_c 值越小。为了减小 θ_c，就必须提高倍频器的基极反向偏压 V_{BB}。V_{BB} 加大后，基极激励电压 V_b 也必须加大。对于晶体管电路来说，增加激励电压与偏压，就可能使发射结的反向电压超过击穿电压 $V_{(BR)EBO}$。因此，这种倍频器所选用的 n 值通常不超过 3~4，一般只取 2~3。

4.6 Multisim 仿真实例

高频功率放大器（简称高频功放）主要用于放大高频信号或高频已调波（即窄带）信

号。由于采用谐振回路做负载，解决了大功率放大时的效率、失真、阻抗变换等问题，因而高频功率放大器通常又称为谐振功率放大器。就放大过程而言，电路中的功率管是在截止、放大至饱和等区域中工作的，表现出了明显的非线性特性，从而实现了非线性放大。

1. 高频功率放大器电路仿真

在电路窗口中新建高频功率放大电路的仿真电路如图 4-18 所示。电路基本原理前面已经详细介绍过了，不再赘述。高频功率放大器输入、输出电压可分别通过示波器 A、B 通道观察得到它们的波形，如图 4-19 所示。由图 4-19 可知，输入、输出电压都是正弦波，这是因为 C1、L1 组成并联谐振回路为集电极负载，调谐在输入信号频率上，即可提高功率放大器的效率，又对其他除输入信号基频以外的谐波信号具有抑制作用。

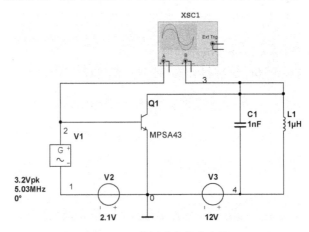

图 4-18　高频功率放大电路

为了观察到高频功率放大器输出电流波形，在晶体管的发射极串联一个很小的电阻 R1（本例中为 0.2 Ω），测量 R1 上的电压波形，就是高频功率放大器输出电流波形。在电路窗口中新建仿真测试电路，如图 4-20 所示。示波器一端接输入信号，一端接 R1 上。打开示波器的显示面板，并进行仿真，则示波器上显示的波形如图 4-21 所示。其中上部为输入信号的波形，下部为 R1 上的电压波形，即高频功率放大器输出电流波形，是一脉冲串，这是因为高频功率放大器中晶体管工作于丙类状态，故电流仿真结果与理论分析吻合。

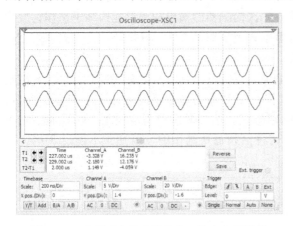

图 4-19　高频功率放大器输入、输出电压波形

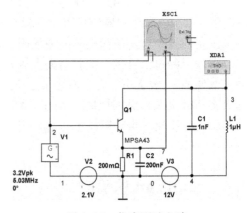

图 4-20　仿真测试电路

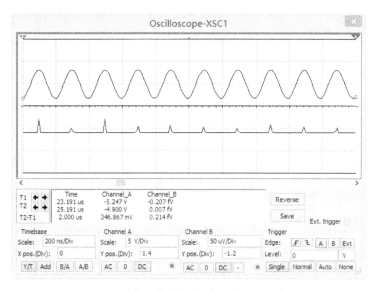

图 4-21 输入信号的波形、输出电流波形

2. 高频功率放大器馈电电路仿真

高频功率放大器馈电电路有基极馈电电路和集电极馈电电路，而馈电电路又分为串馈电路和并馈电路两种。因此，高频功率放大器基极馈电电路分为串馈电路、并馈电路。同理，高频功率放大器集电极馈电电路也分为串馈电路、并馈电路。

如图 4-22 所示是一个基极为串馈电路、集电极为并馈电路的高频功率放大器电路。

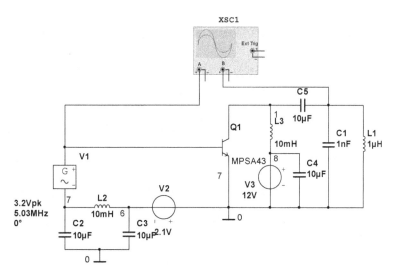

图 4-22 基极是串馈、集电极是并馈电路的高频功率放大器电路

由图 4-22 所示电路仿真得到高频调谐功率放大器电路的输入、输出波形，如图 4-23 所示。由图 4-23 可知，输入、输出信号频率一致，验证了前面所讨论的理论。

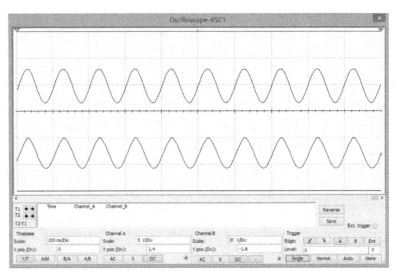

图 4-23　基极串馈、集电极并馈电路的输入、输出波形

习题

1. 为什么低频功率放大器不能工作在丙类，但高频功率放大器则可以工作在丙类？

2. 为什么高频功率放大器通常工作于丙类？为什么不用电阻作为高频功率放大器的负载？提高功率放大器的效率和功率，应从哪几方面入手？

3. 请简要比较高频功率放大器和低频功率放大器的共同点和不同点。

4. 高频窄带功率放大电路的基本结构由哪两部分组成？高频功率放大电路与高频小信号放大电路的主要区别是什么？

5. 当谐振功率放大器的激励信号为正弦波时，集电极电流通常为余弦脉冲，但为什么能得到正弦电压输出？

6. 晶体管集电极效率是怎样确定的？若提高集电极效率应从何处下手？

7. 什么叫丙类放大器的最佳负载？怎样确定最佳负载？

8. 实际信道输入阻抗是变化的，在设计谐振功率放大器时，应怎样考虑负载值？

9. 导通角怎样确定？它与哪些因素有关？导通角变化对丙类放大器输出功率有什么影响？

10. 根据半导通角 θ_c 大小的不同，高频功率放大电路中的晶体管工作状态可分为哪几种？说明其各自对应的 θ_c 值。

11. 根据丙类放大器的工作原理，分别定性分析当电源电压 V_{CC} 变化、偏压 V_{BB} 变化和负载 R_p 变化时对 I_{C0}、I_{cm1}、V_{cm}、P_0 的影响。

12. 请简要回答高频功率放大器三种工作状态各自的特点。

13. 若高频功率放大器的谐振负载失谐会造成什么后果？简述原因。

14. 谐振功率放大器本来工作在临界状态，若等效负载电阻 R_p 发生变化：（a）增大一倍；（b）减小一倍。其输出功率 P_o 将如何变化？并说明理由。

15. 在谐振功率放大器中，若 V_{BB}、V_{bm}、R_p 维持不变，当 V_{CC} 改变时 I_{cm1} 有明显变化，问

放大器本来工作于何种状态？为什么？若 V_{CC}、V_{bm}、R_p 不变，而当 V_{BB} 改变时 I_{cm1} 有明显变化，问放大器本来工作于何种状态？为什么？

16. 高频功率放大器在欠电压区工作时等同于恒流源，而在过电压区工作时则等同于恒压源，这种说法是否正确？简述理由。

17. 高频功率放大器本来工作于欠电压状态。现在为了提高输出功率，要将放大器调整到临界工作状态。试问，可分别改变哪些量来实现？当把不同的量调到临界状态时，放大器输出功率是否都一样大？

18. 某一晶体管谐振功率放大器，设已知 $V_{CC} = 24\,\text{V}$，$I_{C0} = 250\,\text{mA}$，$P_0 = 5\,\text{W}$，电压利用系数等于 1，求 P_c、R_p、η_c、I_{cm1}。

19. 某谐振功率放大器，已知 $V_{CC} = 24\,\text{V}$，$P_0 = 5\,\text{W}$，求：

（1）当 $\eta_c = 60\%$ 时，P_c 及 I_{C0} 值是多少？

（2）若 P_0 保持不变，将 η_c 提高到 80%，P_c 减少多少？

20. 已知晶体管输出特性曲线中饱和临界线跨导 $g_{cr} = 0.8\,\text{S}$，用此晶体管做成的谐振功放电路的 $V_{CC} = 24\,\text{V}$，$\theta_c = 70°$，$I_{cmax} = 2.2\,\text{A}$，$\alpha_0(70°) = 0.253$，$\alpha_1(70°) = 0.436$，并工作在临界状态。试计算 P_0、P_s、η_c 和 R_p。

21. 某谐振功率放大器工作于临界状态，已知 $V_{CC} = 24\,\text{V}$，输出功率 $P_0 = 5\,\text{W}$，晶体管集电极电流中的直流分量 $I_{C0} = 250\,\text{mA}$，输出基频电压幅度 $V_{cm} = 22.5\,\text{V}$，求：直流电源功率 P_s；集电极效率 η_c；谐振回路的谐振电阻 R_p；基波电流幅度 I_{cm1}；导通角 θ_c。已知 $g_1(62°) = 1.78$。

22. 晶体管放大器工作于临界状态，$R_p = 200\,\Omega$，$I_{C0} = 90\,\text{mA}$，$V_{CC} = 30\,\text{V}$，$\theta_c = 90°$。试求 P_0 与 η_c。已知 $g_1(90°) = 1.57$。

23. 某高频功率放大器工作于临界状态，已知 $V_{CC} = 24\,\text{V}$，临界线跨导 $g_{cr} = 0.8\,\text{S}$，要求输出 5 W 的功率。试选择导通角 θ_c，计算出 I_{C0}、I_{cm1}、V_{cm}、p_c、η_c 及 R_p。（已知：$\alpha_0(70°) = 0.253$，$\alpha_1(70°) = 0.436$）

24. 晶体管放大器工作于临界状态，$\eta_c = 70\%$，$V_{CC} = 12\,\text{V}$，$V_{cm} = 10.8\,\text{V}$，回路电流 $I_k = 2\,\text{A}$（有效值），回路电阻 $R = 1\,\Omega$。试求 θ_c 与 P_c。已知 $g_c(91°) = 1.56$。

25. 谐振功率放大器中，集电极直流电源电压 $V_{CC} = 24\,\text{V}$，集电极电流的直流分量 $I_{C0} = 300\,\text{mA}$，放大器的输出功率 $P_o = 5\,\text{W}$，流通角 $\theta_c = 70°$，求该功率放大器的集电极直流电源供给功率 P_s、集电极耗散功率 P_c、集电极效率 η_c、集电极电流余弦脉冲 i_{Cmax} 和它的基波分量 I_{c1m}，以及谐振电阻两端的基波电压 V_{cm} 和阻值 R_p、集电极电压利用系数。（已知余弦脉冲电流分解系数 $\alpha_0(70°) = 0.2524$，$\alpha_1(70°) = 0.4356$）

26. 已知两个谐振功率放大器具有相同的回路元件参数，输出功率分别为 1 W 和 0.6 W。若增大两功放的 V_{CC}，发现前者的输出功率增加不明显，后者的输出功率增加明显，试分析其原因。若要明显增大前者的输出功率，问还需采取什么措施？

27. 已知某一谐振功率放大器工作在临界状态，其外接负载为天线，等效阻抗近似为电阻。若天线突然短路，试分析电路工作状态如何变化？晶体管工作是否安全？

28. 功率谐振放大器本来工作在临界状态，如果集电极回路稍有失谐，晶体管 I_{C0}、I_{cm1} 如何变化？集电极损耗功率 P_c 如何变化？有何危险？

29. 利用功放进行振幅调制时，当调制的音频信号加在基极或集电极时，应如何选择功放的工作状态?

30. 设某谐振功率放大器工作在临界状态，已知电源电压 $V_{CC} = 24\,V$，集电极电流导通角 $\theta_c = 70°$，集电极电流中的直流分量为 $100\,mA$，谐振回路的谐振电阻 $R_p = 240\,\Omega$，求放大器的输出功率和效率。已知 $\alpha_0(70°) = 0.253$，$\alpha_1(70°) = 0.436$。

31. 高频大功率晶体管 3DA4 参数为 $f_T = 100\,MHz$，$\beta = 20$，集电极最大允许耗散功率 $P_{CM} = 20\,W$，饱和临界线跨导 $g_{cr} = 0.8\,A/V$，用它做成 $2\,MHz$ 的谐振功率放大器，选定 $V_{CC} = 24\,V$，$\theta_c = 70°$，$i_{Cmax} = 2.2\,A$，并工作于临界状态。试计算 R_p、P_o、P_c、η_c 与 P_s。（已知：$\alpha_0(70°) = 0.253$，$\alpha_1(70°) = 0.436$）

32. 谐振功率放大器的电源电压 V_{CC}、集电极电压 V_{cm} 和负载电阻 R_p 保持不变，当集电极电流的导通角由 $100°$ 减小到 $60°$ 时，效率 η_c 提高了多少? 相应的集电极电流脉冲幅值变化了多少?

33. 试画出两级谐振功放的实际线路，要求:

(1) 两级均采用 NPN 型晶体管，发射极直接接地。

(2) 第一级基极采用组合式偏置电路，与前级互感耦合；第二级基极采用零偏置电路。

(3) 第一级集电极馈电线路采用并联形式，第二级集电极馈电线路采用串联形式。

(4) 两极间的回路为 T 形网络，输出回路采用 π 形匹配网络，负载为天线。

提示: 构成一个实际电路时应满足——交流要有交流通路，直流要有直流通路，而且交流通路不能流过直流电源，否则电路将不能正常工作。为了实现以上线路的组成原则，在设计时需要正确使用阻隔元件: 高频扼流圈 ZL、旁路或耦合电容 C 等。

34. ① 一个 π 形网络可以分割成两个 L 形网络。如图题 4-24 所示的 L_1 可以拆成 L_{11} 和 L_{12} 两部分，L_{12}、C_2、R_L 构成并联等效为串联的 L 形网络 II，C_1、L_{11}、R_L' 构成串联等效为并联的 L 形网络 I，I、II 网络的品质因数分别为 Q_1、Q_2。试推导 L_1、C_1、C_2 与负载电阻 R_L、π 形网络的工作频率 f 和 Q_1、Q_2 之间的关系。

② 把此网络作为高频功率放大器的输出网络。已知输出功率 $P_o = 2\,W$，集电极电流的直流分量 $I_{C0} = 100\,mA$，导通角 $\theta_c = 70°$，求等效输出电阻 R_p。（已知波形系数 $g_1(70°) = 1.7253$）。

③ 已知负载电阻 $R_L = 50\,\Omega$，π 形网络的工作频率为 $f = 50\,MHz$，$Q_1 = 10$。结合上一问的结果，求 Q_2。并进一步求出 π 形网络的 L_1、C_1、C_2 的元件值。

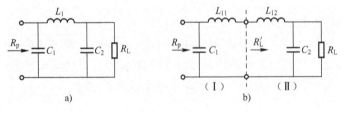

图 4-24　题 35 图

35. 已知电路品质因数为 Q，若将图 4-25a 所示的 L 形匹配网络，化为图 b 所示的等效网络，试计算 R_s'，X_s' 的值。

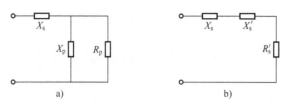

图 4-25　题 36 图

36. 什么是倍频器？倍频器在实际工作中有什么作用？

37. 晶体管倍频器一般工作在什么状态？当倍频次数提高时其最佳导通角是多少？二倍频器和三倍频器的最佳导通角分别为多少？

38. 为什么倍频器比基波放大器对输出回路滤波电路的要求高？

第5章　正弦波振荡器

5.1　概述

振荡器是指不需要外信号激励，就能自动将直流电源的能量变换为一定波形的交变振荡能量的装置。

正弦波振荡器在电子技术领域有着广泛的应用。在信息传输系统的各种发射机中，就是把主振器（振荡器）所产生的载波，经过放大、调制而把信息发射出去的。在超外差式的各种接收机中，是由振荡器产生一个本地振荡信号，送入混频器，才能将高频信号变成中频信号。在研制、调测各类电子设备时，常常需要信号源和各种测量仪器，这些仪器大多含有振荡器，用来产生各种频段的正弦信号，例如高频信号发生器、音频信号发生器以及各种数字式测量仪表等。

振荡器的种类很多。按组成原理来看，可以把振荡器分为反馈式振荡器和负阻式振荡器两大类。本章只讨论反馈式振荡器。根据振荡器所产生的波形，又可以把振荡器分为正弦波振荡器与非正弦波振荡器。本章只介绍正弦波振荡器。

常用正弦波振荡器主要由决定振荡频率的选频网络和维持振荡的正反馈放大器组成，这就是反馈振荡器。按照选频网络所采用元件的不同，正弦波振荡器可分为 *LC* 振荡器、*RC* 振荡器和晶体振荡器等类型。其中 *LC* 振荡器和晶体振荡器用于产生高频正弦波，*RC* 振荡器用于产生低频正弦波。正反馈放大器既可以由晶体管、场效应晶体管等分立器件组成，也可以由集成电路组成，但前者的性能可以比后者做得好些，且工作频率也可以做得更高。

5.2　*LC* 反馈型正弦波振荡器的工作原理

本节以互感反馈振荡器为例，分析反馈型正弦波自激振荡器的基本原理，振荡产生的条件、建立和稳定过程。

5.2.1　从调谐放大到自激振荡

反馈式振荡器是振荡回路通过正反馈网络与有源器件连接构成的振荡电路。反馈式振荡器实质上是建立在放大和反馈基础上的振荡器，这是目前应用最多的一类振荡器。反馈式振荡器的原理框图如图 5-1 所示。由图 5-1 可知，当开关 S 在位置 1 时，放大器的输入端外加一定频率和幅度的正弦波信号 $\dot{V}_i$，$\dot{V}_i$ 经放大器放大后，在输出端产生输出信号 $\dot{V}_o$，输出信号 $\dot{V}_o$ 经反馈网络后，在反馈网络输出端得到反馈信号 $\dot{V}_f$。若 $\dot{V}_f$ 与 $\dot{V}_i$ 不仅大小相等，而且相位也相

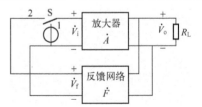

图 5-1　反馈式振荡器的原理框图

同，此时将开关 S 转接到 2 位置，即用 $\dot{V}_{\rm f}$ 取代 $\dot{V}_{\rm i}$，使放大器和反馈网络构成一个闭合正反馈回路，这时，虽然没有外加输入信号，但输出端仍有一定幅度的电压输出，即实现了自激振荡。

为了使振荡器的输出电压 $\dot{V}_{\rm o}$ 是一个固定频率的正弦波，也就是使自激振荡只能在某一频率上产生，而在其他频率上不能产生，则图 5-1 所示的闭合回路内必包含选频网络，使得只有选频网络中心频率的信号满足 $\dot{V}_{\rm f}$ 与 $\dot{V}_{\rm i}$ 相同的条件而产生自激振荡，其他频率的信号则不满足 $\dot{V}_{\rm f}$ 与 $\dot{V}_{\rm i}$ 相同的条件，不产生自激振荡。由此可见，反馈正弦波振荡器应包括放大器、反馈网络和选频网络。

由图 5-1 可知，$\dot{V}_{\rm f} = \dot{F}\dot{V}_{\rm o}$，$\dot{V}_{\rm i} = \dfrac{\dot{V}_{\rm o}}{\dot{A}_0}$，在产生振荡时，$\dot{V}_{\rm f}$ 应等于 $\dot{V}_{\rm i}$。因此振荡条件为

$$\dot{F} = \frac{1}{\dot{A}_0} \quad 或 \quad 1 - \dot{A}_0 \dot{F} = 0 \tag{5-1}$$

反馈放大器的闭环增益为

$$\dot{A}_{\rm f} = \frac{\dot{A}_0}{1 - \dot{A}_0 \dot{F}} \tag{5-2}$$

当 $1 - \dot{A}_0 \dot{F} = 0$ 时，$\dot{A}_{\rm f} \to \infty$，放大器变成了振荡器。

5.2.2 自激振荡的建立和起振条件

振荡器刚一开机时振荡是如何产生的？振荡器闭合电源后，各种电的扰动，如晶体管电流的突然增长、电路的热噪声，是振荡器起振的初始激励。突变的电流包含着许多谐波成分，扰动噪声也包含各种频率分量，它们通过 LC 谐振回路，在它两端产生电压，由于谐振回路的选频作用，只有接近于 LC 回路谐振频率的电压分量才能被选出来，但是电压的幅度很微小，不过由于电路中正反馈的存在，经过反馈和放大的循环过程，幅度逐渐增长，这就建立了振荡。

因此，反馈式振荡器是把反馈电压作为输入电压，以维持一定的输出电压的闭环正反馈系统，实际上它是不需要通过开关转换，由外加信号激发产生输出信号的。在振荡建立的过程中，被选频网络选中的某一频率分量信号经放大后，又通过反馈网络回送到输入端，如果该信号幅度比原来的大，则再经过放大、反馈，使回送到输入端的信号幅度进一步增大。因此，这样振荡电压就会增长，波形大致如图 5-2 所示。因此，在振荡建立的过程中，$\dot{A}_0 \dot{F} > 1$。

那么幅度会不会无止境地增长下去呢？不会的。这是因为一般情况下，放大器具有非线性特性，反馈电路是线性电路。在振荡建立过程中，随着幅度的增长，放大器由甲类工作状态进入乙类（甚至丙类）工作情况。晶体管非线性作用使集电极输出电压幅度不能增长，振荡建立过程结束，F 值逐渐下降，最后平衡，稳定在 $\dot{A}_0 \dot{F} = 1$ 点，波形稳定下来，电路进入平衡状态。

因此振荡器的起振条件是指为产生自激振荡所需 $\dot{A}_0$、$\dot{F}$ 的乘积最小值。显然，必须满足

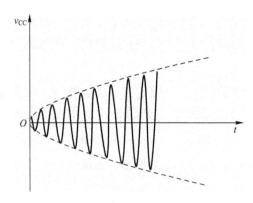

图 5-2　振荡的建立过程

$$\dot{A}_0 \dot{F} > 1 \tag{5-3}$$

将式（5-3）的复数形式表示改成用模和相角来表示，即 $\dot{A}_0 = A_0 e^{j\varphi_A}$，$\dot{F} = F e^{j\varphi_F}$，所以有

$$A_0 \cdot F > 1 \tag{5-4}$$

$$\varphi_A + \varphi_F = 2n\pi \, (n = 0, 1, 2, 3, \cdots) \tag{5-5}$$

其中，式（5-4）称为振幅起振条件，式（5-5）称为相位起振条件，相位起振条件说明反馈信号 $\dot{V}_f$ 的相位和原输入信号 $\dot{V}_i$ 的相位相同，$\dot{V}_f$ 是正反馈信号。

5.2.3　振荡器的平衡条件和稳定条件

1. 振荡器的平衡条件

如上文所述，当反馈信号 $\dot{V}_f$ 等于放大器的输入信号 $\dot{V}_i$ 时，或者说，反馈信号 $\dot{V}_f$ 恰好等于产生输出电压 $\dot{V}_o$ 所需的输入电压 $\dot{V}_i$ 时，振荡电路的输出电压不再发生变化，电路达到平衡状态，因此. 将 $\dot{V}_f = \dot{V}_i$ 称为振荡的平衡条件。因为 $\dot{V}_f$ 和 $\dot{V}_i$ 都是复数，所以两者相等是指大小相等而且相位也相同。由图 5-1 可知，放大器开环电压放大倍数 $\dot{A}_0$ 和反馈网络的电压传输系数 $\dot{F}$ 分别为

$$\dot{A}_0 = \frac{\dot{V}_o}{\dot{V}_i}, \quad \dot{F} = \frac{\dot{V}_f}{\dot{V}_o} \tag{5-6}$$

所以

$$\dot{V}_f = \dot{F} \dot{V}_o = \dot{F} \dot{A}_0 \dot{V}_i \tag{5-7}$$

由此可得，振荡的平衡条件为

$$\dot{A}_0 \dot{F} = A_0 F e^{j(\varphi_A + \varphi_F)} = 1 \tag{5-8}$$

可见，振荡的平衡条件应包括振幅平衡条件和相位平衡条件两个方面。

（1）振幅平衡条件

$$A_0 \cdot F = 1 \tag{5-9}$$

式（5-9）说明，由放大器与反馈网络构成的闭合环路中，其闭环增益等于 1，以便反馈电压与输入电压大小相等。

（2）相位平衡条件

$$\varphi_A + \varphi_F = 2n\pi (n = 0, 1, 2, 3, \cdots) \tag{5-10}$$

式（5-10）说明，放大器与反馈网络的总相移必须等于 $2n$ 的整倍数，使反馈电压与输入电压相位相同，以保证环路构成正反馈。

综上所述，反馈振荡器既要满足起振条件，又要满足平衡条件，其中相位起振条件与相位平衡条件是一致的，相位条件是构成振荡电路的关键，即振荡闭合环路必须是正反馈。同时，振荡电路中的放大环节应具有非线性放大特性，即具有放大倍数随振荡幅度的增大而减小的特性，这样，在起振时，放大倍数 A 比较大，满足 $AF > 1$，振荡幅度迅速增大，随着振荡幅度的增大，放大倍数 A 跟随减小，直至 $AF = 1$，振荡幅度不再增大，振荡器进入平衡状态。

2. 振荡器的稳定条件

在振荡器中除了要研究振荡的起振和平衡条件外，还要研究振荡的稳定条件。所谓振荡器的稳定平衡，就是说在某种因素的作用下，当振荡器的平衡条件遭到破坏时，它能在原平衡点附近重建新的平衡状态，一旦外因消除后，它能自动恢复到原来的平衡状态。

振荡器的稳定条件包括两方面的内容：振幅稳定条件和相位稳定条件。

（1）振幅稳定条件

在图 5-3 中分别画出放大倍数 A 和反馈系数的倒数 $1/F$ 随振幅 V_o 的变化曲线。如图 5-7a 所示，开始时 A 较大，随着 V_{om} 的增长 A 逐渐下降，$1/F$ 不随 V_{om} 改变，所以是一条水平线。当 V_{om} 较小时，$A > 1/F$，随着 V_{om} 的增长，A 减小，在 Q 点，$A = 1/F$，即 $AF = 1$，所以 Q 是平衡点。但这是不是稳定的平衡点？要看此点附近振幅发生变化时，是否能恢复原状。

假定由于某种原因，使 V_{om} 略有增长，这时 $A < 1/F$，出现 $AF < 1$ 的情况，于是振幅就自动减小，回到 Q 点。反之，若 V_{om} 稍有减少，则 $A > 1/F$，出现 $AF > 1$ 的情况，于是振幅就自动增大，而又回到 Q 点，所以 Q 点是稳定的平衡点。由此得出结论：在平衡点，若 A 曲线斜率为负，即

$$\left. \frac{\partial A}{\partial V_{om}} \right|_{V_{om} = V_{omQ}} < 0 \tag{5-11}$$

则满足稳定条件。若 A 曲线斜率为正，则不满足稳定条件。

若晶体管的静态工作点取得太低，甚至为反向偏置，而且反馈系数 F 又选得较小时，可能会出现如图 5-4 所示的另一种形式。这时 $A = f(V_{om})$ 的变化曲线不是单调地下降，而是出现两个平衡点，但是根据 A 曲线斜率是否是负的，极易判断 Q 点是稳定的平衡点，B 点是不稳定的平衡点。当振荡幅度由于某种原因大于 V_{omB} 时，则 $A > 1/F$，出现 $AF > 1$ 的情况。这时增幅不但不减小，反而继续增长。反之出现稍低于 V_{omB} 时，将出现 $AF < 1$，因此振幅将继续衰减下去，直至停振为止。所以 B 点是不稳定的平衡点。由于在 $V_{om} < V_{omB}$ 的区间，振荡始终是衰减的，因此，这种振荡器不能自行起振，但在起振时外加一个大于 V_{omB} 的冲激信号，使其冲过 B 点，才有可能激起稳定于 Q 点的平衡状态。像这样要预先加上一个一定幅度的外加信号才能起振的现象，称为硬自激。而图 5-3 则是软自激的情况。一般情况下都是使振荡电路工作于软激励状态，硬激励通常是应当避免的。

（2）相位稳定条件

相位稳定条件就是研究由于电路中的扰动暂时破坏了相位条件使振荡频率发生变化，当扰动离去后，振荡能否自动稳定在原有频率上。

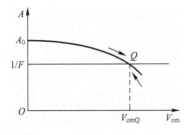
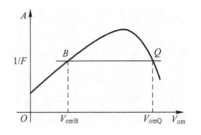

图 5-3　软自激的振荡特性　　　　　　　图 5-4　硬自激的振荡特性

必须指出：相位稳定条件和频率稳定条件实质上是一回事。因为振荡的角频率就是相位的变化率$\left(\omega = \dfrac{\mathrm{d}\varphi}{\mathrm{d}t}\right)$，所以当振荡器的相位发生变化时，频率也发生了变化。

假设由于某种干扰引入了相位增量 $\Delta\varphi$，此 $\Delta\varphi$ 意味着在环绕线路正反馈一周以后，反馈电压的相位超前了原有电压相位 φ。相位超前就意味着周期缩短。如果振荡电压不断地放大、反馈、再放大，如此循环下去，反馈到基极上电压的相位将一次比一次超前，周期不断缩短，相当于每秒钟内循环次数在增加，即振荡频率在不断地提高。反之，若 $\Delta\varphi$ 是一减量，那么循环一周的相位落后，这表示频率要降低。但事实上，振荡器的频率并不会因为 $\Delta\varphi$ 的出现而不断地升高或降低。这是什么原因呢？这就需要分析谐振回路本身对相位增量 $\Delta\varphi$ 的反应。

为了说明这个问题，可参看图 5-5。设平衡状态时的振荡频率 f 等于 LC 回路的谐振频率 f_0，LC 回路是一个纯电阻，相位为零。当外界干扰引入 $+\Delta\varphi$ 时，工作频率从 f_0 增加到 f_0'，则 LC 回路失谐，呈容性阻抗，这时回路引入相移为 $-\Delta\varphi$，LC 回路相位的减少补偿了原来相位的增加，振荡速度就慢下来，工作频率的变动被控制。反之也是如此。所以，LC 谐振回路有补偿相位变化的作用。

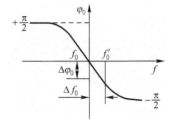

图 5-5　振荡回路的相位稳定作用

对比上述两种变动规律可总结为：外界干扰 $\Delta\varphi$ 所引起的频率变动 Δf_0 是同符号的，即 $\dfrac{\Delta\varphi}{\Delta f_0}>0$，而谐振回路变动 Δf_0 所引起的相位变化 $\Delta\varphi_0$ 是异符号的，即 $\dfrac{\Delta\varphi_0}{\Delta f_0}<0$，所以可以保持平衡。

所以，振荡器的相位稳定条件是：相位特性曲线在工作频率附近的斜率是负的。即

$$\left.\frac{\mathrm{d}\varphi}{\mathrm{d}f}\right|_{f=f_0}<0 \tag{5-12}$$

5.3　反馈型 LC 振荡器

反馈型 LC 振荡器又称为 LC 三端式振荡器，是 LC 回路的三个端点与晶体管的三个电极分别连接而组成的一种振荡器。它可分为电容三端式和电感三端式两种基本类型。

5.3.1　电感反馈式三端振荡器（哈特莱振荡器）

电感反馈式三端振荡器又称哈特莱振荡器，其原理电路如图 5-6a 所示。图中 R_{b1}、R_{b2}、

R_e组成分压式偏置电路，C_e为发射极旁路电容，C_b、C_c分别为基极和集电极隔直电容，C和L_1、L_2为并联谐振回路。该电路也是以LC谐振回路作为集电极负载，并利用电感L_2将谐振电压反馈到基极上，故称为电感反馈振荡器。由图可见，这种电路的LC谐振回路引出三个端点，分别与晶体管的三个电极相连，所以又叫作电感三端式振荡器。它的交流通路如图 5-6b 所示。

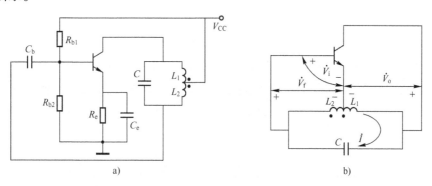

图 5-6 电感反馈式三端振荡器

a）原理电路 b）等效电路

由图 5-6b 可见，当L_1、L_2、C并联回路谐振时，输出电压$\dot{V}_o$与输入电压$\dot{V}_i$反相，而反馈电压$\dot{V}_f$与$\dot{V}_o$反相，所以$\dot{V}_f$与$\dot{V}_i$同相，电路在回路谐振频率上构成正反馈，满足了振荡的相位条件。由此可得电路的振荡频率f_0为

$$f_0 \approx \frac{1}{2\pi\sqrt{(L_1+L_1+2M)C}} \tag{5-13}$$

其中，M为L_1与L_2之间的互感，振荡器的反馈系数可根据式（5-6）求得，即

$$\dot{F} = \frac{\dot{V}_f}{\dot{V}_o} = -\frac{L_2+M}{L_1+M} \tag{5-14}$$

电感反馈振荡电路的优点是：由于L_1与L_2之间有互感存在，所以容易起振。其次是只用一只可变电容就可以容易地调节频率，基本上不影响电路的反馈系数，比较方便。这种电路的主要缺点是：与电容反馈振荡电路相比，其振荡波形不够好，这是因为反馈支路为感性支路，对高次谐波呈现高阻抗，故对于LC回路中的高次谐波反馈较强，波形失真较大；其次是当工作频率较高时，由于L_1与L_2上的分布电容和晶体管的极间电容均并联于L_1与L_2两端，这样，反馈系数F随频率变化而改变。工作频率越高，分布参数的影响也越严重，甚至可能使F减小到满足不了起振条件。因此，这种电路振荡频率不是很高，一般只达几十兆赫。

5.3.2 电容反馈式三端振荡器（考毕兹振荡器）

图 5-7a 表示电容反馈振荡器典型电路。由于它是利用电容C_2将谐振回路的一部分电压反馈到基极上，而且也是将LC谐振回路的三个端点分别与晶体管三个电极相连，所以这种电路又叫作电容反馈三端式振荡器，或称考毕兹振荡器。图 5-7b 为交流等效电路，该电路也满足相位平衡条件。只要适当选取C_1和C_2的比值，并使放大器有足够的放大量，电路就

能产生振荡。其振荡频率 f_0 为

$$f_0 \approx \frac{1}{2\pi\sqrt{LC}} \tag{5-15}$$

式中，$C = C_1 C_2 / (C_1 + C_2)$ 为并联谐振回路串联总电容值。

电路的反馈系数为

$$\dot{F} = \frac{\dot{V}_f}{\dot{V}_o} = -\frac{C_1}{C_2} \tag{5-16}$$

由式（5-16）可知，当增大 C_1 与 C_2 的比值时，可增大反馈系数值，有利于起振和提高输出电压的幅度，但会使晶体管的输入阻抗影响增大，致使回路的等效品质因数下降，不利于起振，同时波形的失真也会增大。所以，C_1/C_2 不宜过大，一般可取 $C_1/C_2 = 0.1 \sim 0.5$，或通过调试决定。

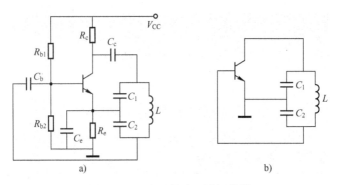

图 5-7　电容反馈式三端振荡器
a）原理电路　b）等效电路

与电感三端式振荡电路相比，电容三端式振荡器的特点是：输出波形较好，这是由于电容三端振荡器反馈电压取自反馈电容 C_2，而电容对高次谐波呈低阻抗，滤除谐波电流能力强，振荡波形更接近于正弦波；其次，该电路中的不稳定电容（振荡管的结电容等）都是与回路电容相并联的，因此适当加大回路电容的电容量，就可以减弱不稳定因素对振荡频率的影响，从而提高了频率稳定度；最后，当工作频率较高时，甚至可以只利用器件的输入电容和输出电容作为回路元件，因而该电路适用于较高的工作频率。一般在甚高频波段工作的振荡器，多半都采用电容三端式振荡电路。它的缺点是由于用了两个电容 C_1 与 C_2，若要利用可变电容调整频率就不方便了。当改变这种电路的某一电容来调整频率时，同时也改变了反馈系数，从而影响到起振条件和工作状态。

5.3.3　LC 振荡器相位平衡条件的判断准则

以上讨论的 LC 三端式振荡器电路都有一个规律：发射极-基极和发射极-集电极间回路元件的电抗性质相同（同为电感或电容）；基极-集电极间回路元件的电抗性质与上两元件相反。总结为一句话：射同集（基）反，即与射极相连的元件电抗性质相同，与集电极、基极相连的元件电抗性质相反。该规律对于三端式电路有普遍意义。

为了说明此问题，可以把两种基本型电路概括为图 5-8c 所示。由于晶体管的倒相作用

使 $\dot{V}_o$ 和 $\dot{V}_i$ 的相位差为 π。为了保证正反馈，谐振回路的电抗性质必须使 $\dot{V}_i$ 和 $\dot{V}_o$ 的相位差也是 π。由图 5-8c 可看出，回路电流 $\dot{I}$ 流过电抗 X_{ce} 即得 $\dot{V}_o$，而 $\dot{I}$ 流过 X_{be} 可得 $\dot{V}_i'$（而 $\dot{V}_i' = -\dot{V}_i$）。只要 X_{ce} 与 X_{be} 是同极性的，$\dot{V}_i$ 和 $\dot{V}_o$ 的相位差就是 π，即 $\varphi_F = \pi$。

已知相位平衡的条件为 $\varphi_K + \varphi_F = 2\pi$，若 $\varphi_F = \pi$，则放大器增益的相角 φ_K 一定是 π，即要求放大器的负载是一纯电阻，这发生在 LC 回路谐振时，即

$$X_{cb} + X_{be} + X_{ce} = 0, \quad X_{cb} = -(X_{be} + X_{ce})$$

X_{cb} 应与 X_{be} 和 X_{ce} 性质相反。例如，X_{be} 与 X_{ce} 为电容，则 X_{cb} 就是电感，如图 5-8a、b 所示。因此，三端式电路相位平衡条件的准则是：

1）X_{ce} 和 X_{be} 性质相同。

2）X_{cb} 和 X_{ce}、X_{be} 性质相反。

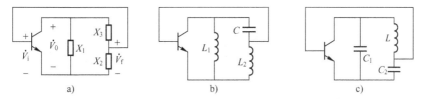

图 5-8　三端式振荡器电路基本形式

a）基本结构　b）电感三端式　c）电容三端式

5.3.4　改进型电容反馈式振荡器

1. 串联改进型电容三端式振荡器（克拉泼电路）

上述电容三端式振荡电路，振荡频率不仅与谐振回路的 LC 元件的值有关，还与晶体管的输入电容 C_i 以及输出电容 C_o 有关，它们均与谐振回路并联，会使振荡频率发生偏移，而且晶体管极间电容的大小会随晶体管工作状态变化而变化，这将引起振荡频率的不稳定。为了减小晶体管极间电容的影响，并改进电容三端式振荡电路中调整频率不方便的缺陷，可采用图 5-9a 所示的电路，其交流等效电路如图 5-9b 所示，它是把基本型电容反馈三端振荡器集电极-基极支路的电感改用 LC 串联回路代替，这正是它的名称的由来——串联改进型电容反馈三端式振荡器，又叫克拉泼电路。其中，电容 C_3 取值比较小，要求 $C_3 = C_1$，$C_3 =$

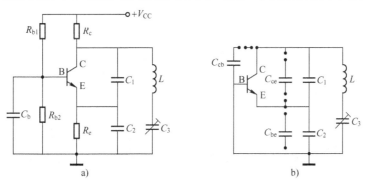

图 5-9　串联改进型电容三端式振荡器（克拉泼电路）

a）原理电路　b）交流通路

C_2，C_b为基极耦合电容。C_3为可变电容，它把L与C_1、C_2分隔开，则反馈系数仅取决于C_1与C_2的比值，而振荡频率基本由C_3与L决定。

这种振荡器的频率为

$$\omega_0 = \frac{1}{\sqrt{LC_\Sigma}} \tag{5-17}$$

其中C_Σ由下式决定：

$$\frac{1}{C_\Sigma} = \frac{1}{C_3} + \frac{1}{C_1+C_0} + \frac{1}{C_2+C_i} \tag{5-18}$$

选$C_1 \geqslant C_3, C_2 \geqslant C_3$时，$C_\Sigma \approx C_3$，振荡频率$\omega_0$可近似写成

$$\omega_0 = \frac{1}{\sqrt{LC_3}} \tag{5-19}$$

这就使C_0和C_i几乎与值无关，它们的变动对振荡频率的稳定性就没有什么影响了，提高了频率稳定度。

2. 并联改进型电容三端式振荡器（西勒电路）

电路如图5-10a所示，它的交流等效电路如图5-10b所示。此电路除了采用两个较大的C_1、C_2外，主要特点是把基本型的电容反馈电路集电极-基极支路改用LC_4并联回路再与C_3串联，所以叫并联改进型电容三端式振荡器，也叫西勒电路。

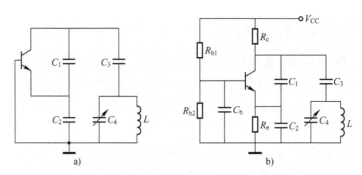

图5-10　并联改进型电容反馈三端式电路（西勒电路）

a）原理电路　b）交流等效电路

下面对该电路的有关参数进行分析。

回路谐振频率为
$$\omega_0 = \frac{1}{\sqrt{LC_\Sigma}}$$

其中，回路总电容

$$C_\Sigma = C_4 + \cfrac{1}{\cfrac{1}{C_3} + \cfrac{1}{C_1+C_0} + \cfrac{1}{C_2+C_i}} \tag{5-20}$$

选择$C_1 \gg C_3$，$C_2 \gg C_3$，则$C_\Sigma \approx C_3 + C_4$，所以消除了$C_i$、$C_0$对$\omega_0$的影响。

5.4 振荡器的频率稳定问题

一个振荡器除了它的输出信号要满足一定的频率和幅度，还必须保证输出信号频率的稳定。振荡器的频率稳定度是极重要的技术指标。例如，通信系统的频率不稳定，就会漏失信号而联系不上；测量仪器的频率不稳，就会产生较大的测量误差；在载波电话中，载波频率不稳，将会引起话音失真。因此，提高振荡器的频率稳定度有极重要的实际意义。

1. 频率稳定度

频率稳定度的定义是：在规定时间内，规定的温度、湿度、电源电压等变化范围内，振荡频率的相对变化量。频率稳定度有两种表示方法。

一种是绝对频率稳定度，记为 Δf，是指一定条件下实际振荡频率 f 与标准频率 f_0 的绝对偏差，所以 Δf 为

$$\Delta f = f - f_0 \tag{5-21}$$

另一种是相对频率稳定度，它是指在一定的条件下，绝对频率稳定度与标准频率之间的比值：

$$\frac{\Delta f}{f_0} = \frac{f - f_0}{f_0} \tag{5-22}$$

常用的是相对频率稳定度，简称频率稳定度。显然 $\frac{\Delta f}{f_0}$ 越小，频率稳定度越高。上面所说的一定条件可以指一定的时间范围，或一定的温度，或电压变化范围。例如，在一定时间范围内的频率稳定度可以分为以下几种情况：

短期稳定度——1 小时内的相对频率稳定度，一般用来评价测量仪器和通信设备中主振器的频率稳定指标；

中期稳定度——1 天内的相对稳定度；

长期稳定度——数月或 1 年内的相对频率稳定度。

2. 影响频率不稳定的因素

LC 振荡器的振荡频率主要取决于谐振回路的参数，也与其他电路元器件参数有关。振荡器在使用过程中，不可避免地会受到各种外界因素的影响，使得这些参数发生变化导致振荡频率不稳定。这些外界因数主要有温度、电源电压以及负载变化等。

温度变化是使 LC 回路参数不稳定的主要因素。温度改变会使电感线圈和回路电容几何尺寸变形，因而改变电感 L 和电容 C 的数值。另外，机械振动可使电感和电容产生形变，使 L 和 C 的数值变化，因而引起振荡频率的变化。

当温度变化或电源变化时，必定引起静态工作点和晶体管结电容的变化，从而使振荡频率不稳定。另外是负载的变化，若把负载阻抗折算到谐振回路之中，成为谐振回路参数的一部分，它们除了降低谐振回路的品质因数，还会直接影响回路的谐振频率，所以，当负载变化时，振荡频率必然也将跟随变化。

3. 振荡器的稳频措施

振荡器的频率稳定度好坏取决于谐振回路参数的稳定性。LC 振荡器的稳频性能主要是利用 LC 振荡回路的相频特性来实现的。根据分析，在振荡频率上，回路相频特性的变化率

越大，其稳频效果就越好。*LC* 并联谐振回路的相频特性如图 5-11 所示。由图可见，振荡频率越接近回路谐振频率、回路的品质因数越高，相频特性的变化率就越高。因此，为了提高振荡器的频率稳定度，一方面应选用高质量的电感、电容构成谐振回路，使回路有较高的品质因数，其次在电路设计时，应力求使电路的振荡频率接近回路的谐振频率。

另一方面，引起频率不稳定的原因是外界因素的变化。减小外界因素对频率稳定度影响的措施主要有：

（1）减小温度的影响

为了减小温度变化对振荡频率的影响，最根本的办法是将整个振荡器或振荡回路置于恒温槽内，以保持温度的恒定。这种方法适用于技术指标要求较高的设备中。一般来说，为了减小温度的影响，应该使用温度系数较小的电感、电容。

（2）稳定电源电压

电源电压的波动会使晶体管的工作电压、电流发生变化，从而改变晶体管的参数，降低频率稳定度，为了减小这个影响，应采用良好的稳压电源以及具有稳定的工作点的电路。

（3）减小负载的影响

振荡器输出信号需要加到负载上，负载的变动必然引起振荡频率不稳定。为了减小这一影响，可在振荡器及其负载之间加一缓冲级，它由输入电阻很大的射极输出器组成，因而减弱了负载对振荡回路的影响。

（4）屏蔽、远离热源

将 *LC* 回路屏蔽可以减少周围电磁场的干扰。将振荡电路离开热源（如电源变压器、大功率晶体管等）远一些，可以减小温度变化对振荡器的影响。

5.5　石英晶体振荡器

LC 振荡器虽然采用了各种稳频措施，但其频率稳定度一般只能达到 10^{-5}，主要是因为 *LC* 谐振回路的 *Q* 值不能做得很高，一般约在 200 以下。为了进一步提高振荡器频率的稳定度，可使用石英晶体振荡器。石英晶体振荡器是以石英晶体谐振器作为选频网络而组成的正弦波振荡器，其振荡频率由石英晶体谐振器决定。它的频率稳定度可达 $10^{-10} \sim 10^{-11}$ 数量级，甚至更高，因而得到极为广泛的应用。下面首先介绍石英晶体谐振器的基本特性，然后讨论石英晶体振荡器电路及其工作原理。

5.5.1　石英晶体谐振器及其特性

在石英晶体上按一定的方位角切割成的薄片称为晶片，它的形状可以是正方形、矩形或圆形，然后在晶片的两面制作金属电极，电极上焊出两根引线固定在底座的引脚上，最后以金属壳封装就构成了石英晶体谐振器，如图 5-11 所示。

石英晶体之所以能做成电谐振器，是因为它具有压电效应。压电效应分为正、反压电效应。所谓正压电效应是指当机械力作用于晶体时而使晶体产生如伸缩、扭曲、切变等变形，则在它表面相对两侧将产生异号的电荷，从而呈现出电压。当在晶片两面加不同极性的电压时，晶体又会发生如几何尺寸或形态等机械形变，这称为反压电效应。因此若在晶体两端加交变电压时，晶体就会发生周期性的振动，同时由于电荷的周期变化，又会有交流电流流过晶体。晶体的几何尺寸和结构一定时，它本身就具有一个固有的机械振荡频率（固有谐振频率）。当高频交流电压加于晶片两端时，晶片将随交变信号的变化而产生机械振动，当其振荡频率与晶片固有振荡频率相等时，会产生谐振，机械振动最强，晶片两面的电荷数量和其间的交变电流也最大，会产生类似于 LC 回路中的串联谐振现象，这种现象叫作石英晶体的压电谐振。为此，晶片的固有机械振动频率又称为谐振频率，其值与晶片的几何尺寸有关，具有很高的稳定性。

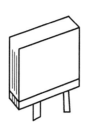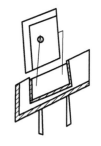

图 5-11　石英晶体谐振器

石英晶体谐振器的电路符号如图 5-12a 所示，其等效电路如图 5-12b 所示。图中 C_0 为晶片与金属极板构成的静电电容，它相当于一个平板电容，其大小与晶片的几何尺寸和电极的面积有关，一般在几个皮法到十几个皮法之间。C_q、L_q 分别为晶片振动时的等效动态电容和动态电感，r_q 为晶片振动时的摩擦损耗。晶片的等效电感 L_q 很大，约为几十到几百毫亨，而动态电容 C_q 很小，约百分之几皮法，r_q 的数值从几欧到几百欧。由此可见，石英晶体谐振器的 Q 值非常高 $\left(Q=\dfrac{1}{r_q}\sqrt{\dfrac{L_q}{C_q}}\right)$，可以达几万到几百万，所以石英晶体谐振器的振荡频率稳定度非常高，由此构成的石英晶体振荡器频率稳定度也很高。

在外加交变电压的作用下，晶片产生机械振动，其中除了基频的机械振动，还有许多奇次（三次、五次……）频率的机械振动，这些机械振动（谐波）统称为泛音。所谓泛音，是指石英片振动的机械谐波。它与电气谐波的主要区别是，电气谐波与基频是整数倍的关系，且谐波和基波并存；而泛音是在基频奇数倍附近，且两者不能并存。晶片不同频率的机械振动，可以分别用一个 LC 串联谐振回路来等效，如图 5-12c 所示。

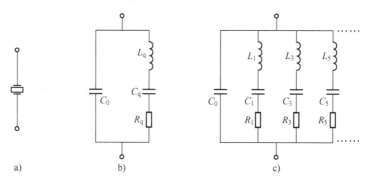

图 5-12　石英晶体谐振器电路符号及等效电路
a）电路符号　b）基频等效电路　c）含泛音频率的等效电路

石英晶体谐振器的频率越高，则要求晶片的厚度越薄，机械强度越差，晶片的加工越困难，用在电路中越容易被振碎。利用基频振动的晶体称为基频晶体，一般基频晶体频率不超过 30 MHz。所以如果需要的振荡频率较高，则可以使用晶体泛音频率，利用泛音振动的晶体称为泛音晶体，它一般工作在晶体基频的 n 次泛音和 $(n-2)$ 次泛音之间。

分析图 5-12b 电路可知，石英晶体谐振器有两个谐振频率，串联谐振频率 f_s 和并联谐振频率 f_p。在等效电路中，C_q、L_q 组成串联谐振回路，串联谐振频率 f_s 为

$$f_s = \frac{1}{2\pi\sqrt{L_q C_q}} \tag{5-23}$$

如果将 C_0 也考虑进去，则 C_q、L_q 与 C_0 组成并联谐振回路，并联谐振频率 f_p 为

$$f_p = \frac{1}{2\pi\sqrt{L_q \dfrac{C_0 C_q}{C_0 + C_q}}} \tag{5-24}$$

由于 $C_q \ll C_0$，所以 f_p 和 f_s 相隔很近，由式（5-24）有

$$f_p = \frac{1}{2\pi\sqrt{L_q C_q}}\sqrt{\frac{C_0 + C_q}{C_0}} = f_s\sqrt{1 + \frac{C_q}{C_0}} \tag{5-25}$$

当 $\dfrac{C_q}{C_0} \ll 1$ 时，可利用级数展开的近似值 $\sqrt{1+x} \approx 1 + \dfrac{x}{2}$（当 $x \ll 1$ 时），所以

$$f_p \approx f_s\left(1 + \frac{C_q}{2C_0}\right) \tag{5-26}$$

因此，两个谐振频率相隔很近。

为了说明石英晶体谐振器在电路中的作用，可画出它的等效电抗 X 与频率 f 的曲线，如图 5-13 所示。

因为串联谐振频率 f_s 和并联谐振频率 f_p 相隔很近，近似相等，所以 f_s 和 f_p 之间等效电感的电抗曲线非常陡峭。实际应用中，石英晶体谐振器就工作在这一频率范围狭窄的电感区内，正是因为电感区内电抗曲线有非常陡的斜率，有很高的 Q 值，从而具有很强的稳频作用。另外，石英晶体谐振器工作时的电容区是不宜使用的，这是因为晶体在静止时也呈电容性，这样就无法判断晶体是否在工作，从而无法保证频率的稳定性。

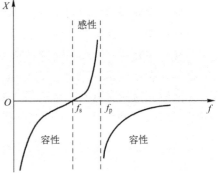

图 5-13　石英谐振器的电抗曲线

由以上的分析可见，石英晶体振荡器之所以具有极高的频率稳定度，主要是因为：

1）石英晶体振荡器的振荡频率主要是由石英晶体谐振器的谐振频率决定的。石英晶体的串联谐振频率主要取决于晶片的尺寸，石英晶体的物理性能和化学性能都十分稳定，因此，它的等效谐振回路具有很高的标准性，即在外界因素如温度、湿度等变化时，它能保持其固有谐振频率不变。

2）它具有正、反压电效应，而且在谐振频率附近，晶体的等效参数 L_q 很大、C_q 很小、r_q 也不高。因此，石英晶体本身是具有高 Q 值的谐振元件。其 Q 值一般为 $10^4 \sim 10^6$，因此具有极强的维持振荡频率稳定不变的能力。

3）在串、并联谐振频率之间很狭窄的工作频带内，具有极陡峭的电抗特性曲线，对频率变化具有极灵敏的补偿能力。

因此，由石英晶体作为振荡回路元件而构成的石英晶体振荡器，可大大提高振荡器的频率稳定度。

按照石英晶体谐振器在电路中所起作用的不同，可以把由石英晶体谐振器组成的振荡器

电路分为两大类型。一类是当石英晶体谐振器工作频率在串、并联谐振频率之间时，它呈电感性，等效为电感元件，代换 LC 并联谐振回路中的电感来使用，这样构成的振荡电路称为并联型晶体振荡电路。另一类是将石英晶体串接入振荡器的正反馈支路中，作为串联谐振元件使用，使它工作于串联谐振频率上，晶体表现近似短路，此时，振荡器会因正反馈最强而振荡，这样构成的振荡电路称为串联型晶体振荡电路。

5.5.2 并联型晶体振荡电路

1. 基音晶体振荡电路

并联型基音晶体振荡器电路如图 5-14a 所示，其高频交流等效电路如图 5-14b 所示。显然，该电路是典型的电容三端式（克拉泼）振荡电路，原来的电感线圈用石英晶体作为电感取代了。这种用石英晶体代替电感线圈而构成的电容三端式振荡器称为并联型晶体振荡电路，也称皮尔斯振荡器。

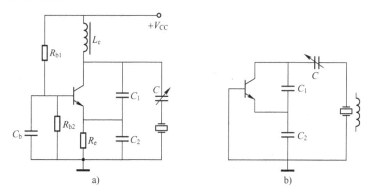

图 5-14　皮尔斯振荡器电路及交流等效电路

a）皮尔斯振荡器电路　b）交流等效电路

由图 5-14b 可知，该谐振回路的电感就是 L_q，而谐振回路的总电容 C_Σ 应由 C_q、C_0 及外接电容 C、C_1、C_2 组合而成。C_Σ 由下式确定：

$$\frac{1}{C_\Sigma} = \frac{1}{C_q} + \cfrac{1}{C_0 + \cfrac{1}{\cfrac{1}{C} + \cfrac{1}{C_1} + \cfrac{1}{C_2}}} \tag{5-27}$$

选择电容时，$C \ll C_1$，$C \ll C_2$，因此式（5-33）可近似为

$$C_\Sigma \approx \frac{1}{C_q} + \frac{1}{C_0 + C} = \frac{C_q + C_0 + C}{C_q(C_0 + C)}$$

所以

$$f_0 = \frac{1}{2\pi\sqrt{L_q \dfrac{C_q(C_0 + C)}{C_q + C_0 + C}}} \tag{5-28}$$

调节 C 可使 f_0 产生很微小的变动。如果 C 很大，取 $C \to \infty$ 代入式（5-28）可得 f_0 的最小值为

$$f_0 \approx \frac{1}{2\pi\sqrt{L_q C_q}} = f_s \qquad (5-29)$$

即晶体串联谐振频率；若 C 很小，取 $C \approx 0$ 代入式（5-28）可得 f_0 的最大值为

$$f_0 \approx \frac{1}{2\pi\sqrt{L_q \dfrac{C_q C_0}{C_q + C_0}}} = f_p \qquad (5-30)$$

即晶体并联谐振频率。可见，无论怎样调节 C，f_0 总是处于晶体 f_p 与 f_s 的两频率之间。石英晶体谐振器是一种性能十分稳定的器件，其 Q 值很高（可达 10^5 以上），常温下受外界影响很小，所以，晶振频率基本上是一个常数。用石英晶体谐振器组成的振荡器电路具有很高的频率稳定度。

2. 泛音晶体振荡电路

图 5-15 给出了一种并联型泛音晶体振荡电路。

它与皮尔斯振荡器的不同之处是用 $L_1 C_1$ 谐振回路代替了电容 C_1，而根据三点式振荡器的组成原则，该谐振回路应该呈容性阻抗。假如要求晶体工作在 5 次泛音，则调谐好的 $L_1 C_1$ 回路对 3 次泛音呈现感性阻抗，不满足三端式电路的相位条件，电

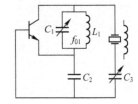

图 5-15　泛音晶体振荡电路

路不能起振；而对 5 次泛音，$L_1 C_1$ 回路又相当于一电容，即满足了起振的相位条件，若也满足了振幅条件，电路就可以振荡。

5.5.3　串联型晶体振荡电路

图 5-16a 所示是一种串联型晶振电路，其交流等效电路如图 5-16b 所示。由图可知该电路与电容三端式振荡电路十分相似，所不同的只是反馈信号不是直接接到晶体管的输入端，而是经过石英晶体接到振荡管的发射极和基极之间，从而实现正反馈。该电路是以 C_1'、C_2、L 为谐振回路的电容三端式振荡电路（其中 $C_1' = C_1 + C_3$），正反馈信号不是直接反馈到晶体管的发射极与基极之间，而是在正反馈支路 AB 之间串接一只石英晶体谐振器，这样就组成了串联型晶体振荡电路。

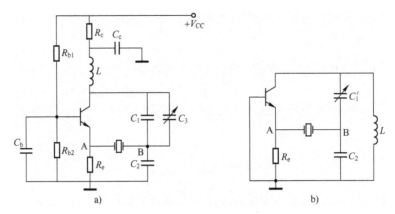

图 5-16　串联谐振型正弦波晶振电路
a）串联型晶振电路　b）交流等效电路

在串联型晶体振荡器中，调节 C_1' 使谐振回路频率等于晶振器的串联谐振频率时，石英晶体谐振器才表现为近似短路。此时正反馈最强，故可满足自激振荡条件。当频率偏离晶体的串联谐振频率 f_s 时，会因晶体阻抗急剧增大，振荡停止。显然，串联型晶体振荡器的振荡频率 f_0 是由石英晶体谐振器的串联谐振频率 f_s 来决定的，即

$$f_0 \approx \frac{1}{2\pi\sqrt{L\dfrac{C_1'C_2}{C_1'+C_2}}} = f_s \tag{5-31}$$

5.6 文氏电桥振荡器

LC 振荡器和石英晶体振荡器都适用于较高的振荡频率，若要求产生在几十 kHz 以下的振荡频率时，再采用上述振荡器需要大的电感与电容，这会因为元件体积过大、成本过高等原因造成使用的不便。所以，RC 振荡器适用于要求振荡频率较低的场合。文氏电桥振荡器可用于从几 Hz 到几百 kHz 频段范围内的可变频率振荡器。

图 5-17 是文氏电桥振荡器的原理电路。图中点画线内为串、并联 RC 选频网络，具有正反馈作用；右边为同相放大器，具有负反馈作用。

如图 5-17 所示，RC 选频网络的电压传输系数（或称反馈系数）为

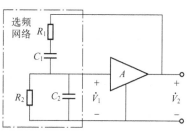

图 5-17　串并联 RC 振荡器

$$\dot{F} = \dot{V}_2/\dot{V}_1 = Z_2/(Z_1+Z_2) \tag{5-32}$$

又因为

$$Z_1 = R_1 + \frac{1}{j\omega C_1}, \quad Z_2 = \frac{R_2\dfrac{1}{j\omega C_2}}{R_2+\dfrac{1}{j\omega C_2}} \tag{5-33}$$

若取 $R_1=R_2=R$，$C_1=C_2=C$，则有

$$\dot{F} = \frac{1}{3+j\left(\omega RC - \dfrac{1}{\omega RC}\right)} \tag{5-34}$$

令 $\omega_0 = 1/RC$，则式（5-34）可化简为

$$\dot{F} = \frac{1}{3+j\left(\dfrac{\omega}{\omega_0} - \dfrac{\omega_0}{\omega}\right)} \tag{5-35}$$

由此可得 RC 串、并联选频网络的幅频特性和相频特性的表达式为

$$F = \frac{1}{\sqrt{3+\left(\dfrac{\omega}{\omega_0} - \dfrac{\omega_0}{\omega}\right)^2}} \tag{5-36}$$

$$\varphi_F = -\arctan\frac{\dfrac{\omega}{\omega_0} - \dfrac{\omega_0}{\omega}}{3} \tag{5-37}$$

由以上两式可作出幅频特性曲线和相频特性曲线，如图 5-18a、b 所示。从该图中可以得出，RC 串、并联选频网络具有选频特性。即当 $\omega_0 = \omega$ 时，F 可以达到最大值，等于 1/3，且相位角 $\varphi_F = 0°$，即输出电压 $\dot{V}_2$ 的振幅等于输入电压 $\dot{V}_1$ 振幅的 1/3，且它们的相位相同。

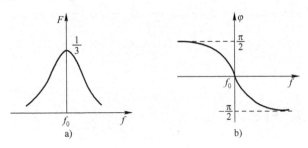

图 5-18 RC 串、并联选频网络的频率特性

a）幅频特性曲线 b）相频特性曲线

图 5-19 所示电路为 RC 桥式振荡电路，它由放大器及 RC 串、并联正反馈选频网络和由 R_{f2}（热敏电阻）、R_{f1} 组成的负反馈网络电路组成。放大器的输入端和输出端分别接到电桥的两对角线上，所以把这种 RC 振荡器称为文氏电桥振荡器。

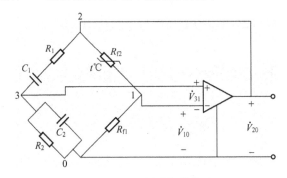

图 5-19 RC 桥式振荡电路

由以上讨论可知，由于 RC 串、并联选频网络在 $\omega_0 = \omega$ 时，$F = 1/3$，$\varphi_F = 0°$，因此，只要放大器 $A \geqslant 3$，$\varphi_A = 2n\pi(n = 0, 1, 2, \cdots)$，就能使电路满足自激振荡的条件，产生自激振荡。文氏电桥振荡器的振荡频率取决于 RC 串、并联选频网络的参数，即

$$\omega_0 = 1/RC \tag{5-38}$$

或

$$f_0 = 1/2\pi RC \tag{5-39}$$

由于是同相放大器，输出电压 $\dot{V}_o$ 与输入电压 $\dot{V}_i$ 同相，满足振荡的相位平衡条件。同相放大器的闭环增益为

$$A = 1 + R_{f2}/R_{f1} \tag{5-40}$$

根据 $AF > 1$ 和 $AF = 1$，可得该振荡器的起振条件和振幅平衡条件分别为

$$R_{f2} > 2R_{f1} \tag{5-41}$$

$$R_{f2} = 2R_{f1} \tag{5-42}$$

可见，只要 $R_{f2} = 2R_{f1}$，振荡器就能满足振荡的幅度平衡条件。实际上，为了使振荡器容

易起振，要求 $R_{f2} \gg R_{f1}$，也就是要求放大器的电压增益 $A \gg 3$。这时电路会形成很强的正反馈，振荡幅度增长很快，致使运放工作进入很深的非线性区域后，方能使电路满足振荡平衡条件 $AF=1$，建立起稳定的振荡。但由于 RC 串、并联网络的选频特性较差，当放大器进入非线性区域后，振荡波形将会产生严重失真。因此，为了改善输出电压的波形，应该限制振荡幅度的增长，这就要求放大器的电压增益 A 不要比 3 大得太多，应该稍大于 3。

为了把放大器的电压增益 A 控制在稍大于 3，又能稳定输出电压振幅，在实际中，R_{f2} 采用负温度系数的热敏电阻（温度升高，电阻值减小）。起振时由于输出电压比较小，流过热敏电阻 R_{f2} 的电流很小，热敏电阻 R_{f2} 的温度还很低，其阻值还很大，使 R_{f1} 产生的负反馈作用很弱，放大器的增益比较高，振荡幅度增长很快，从而有利于振荡器的起振。随着振荡的增强，输出电压增大，流经 R_{f2} 的电流增大，热敏电阻 R_{f2} 的温度升高，阻值减小，R_{f1} 的负反馈作用增强，放大器的增益下降，振荡幅度的增长受到限制。因此，适当选取 R_{f1}、R_{f2} 的大小和 R_{f2} 的温度特性，就可以将振荡幅度限制在放大器的线性区，使输出振荡波形为正弦波。

另外，采用热敏电阻 R_{f2} 构成负反馈电路还具有提高振荡输出幅度的稳定性的作用。其稳幅原理是：当输出电压增大时，流过 R_{f2} 的电流增大，R_{f2} 阻值减小，负反馈加强，增益减小，进一步使输出电压的增大受到限制。反之，当输出电压减弱时，流过 R_{f2} 的电流减小，R_{f2} 阻值增大，使负反馈减弱，从而限制了输出电压的减弱。

5.7 Multisim 仿真实例

1. 电感三端式振荡器电路仿真

根据电感三端式振荡器的原理，在电路窗口中新建电感三端式振荡器仿真电路，如图 5-20 所示。示波器接在电感三端式振荡器的输出端，用以观察其输出电压波形。同时，输出端再接一个频率计，用以测量振荡器的振荡频率。仿真后双击电路中的示波器图标，即可观察到振荡波形。同样方法，也可观测到电感三端式振荡器的振荡频率。

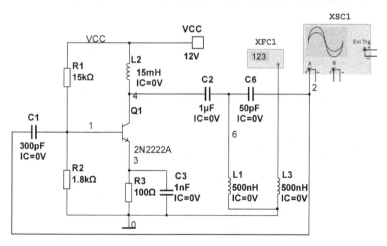

图 5-20　电感三端式振荡器电路

频率计上指示的这个电感三端式振荡器的振荡频率是 13.413 MHz。频率计的指示如图 5-21 所示。示波器上观察到的电感三端式振荡器的振荡波形如图 5-22 所示。

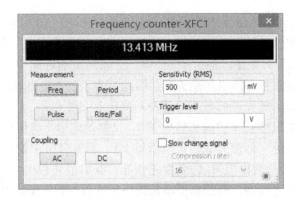

图 5-21　频率计的指示

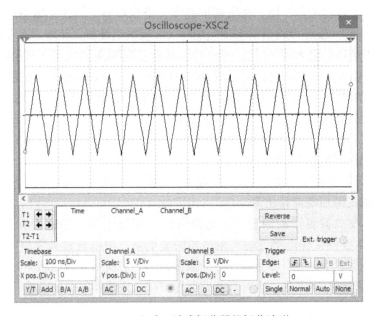

图 5-22　电感三端式振荡器的振荡波形

2. 电容三端式振荡器电路仿真

构建的电容三端式振荡器的仿真电路如图 5-23 所示。输出端分别接上示波器用以观察

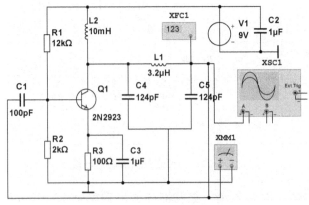

图 5-23　电容三端式振荡器电路

输出波形，频率计用以显示振荡频率，万用表用以指示振荡电压幅度。示波器上观察到的电容三端式振荡器的振荡波形如图 5-24 所示。

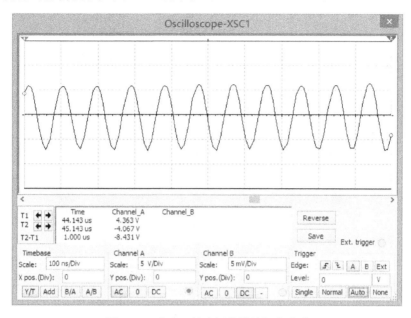

图 5-24　电容三端式振荡器的振荡波形

频率计上指示的这个电容三端式振荡器的振荡频率是 10.763 MHz，频率计的指示如图 5-25 所示。万用表的电压指示的这个电容三端式振荡器的振荡电压幅度是 4.739 V，如图 5-26 所示。

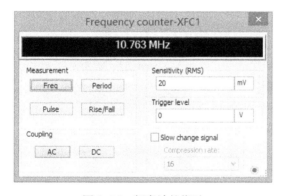

图 5-25　频率计的指示　　　　图 5-26　万用表的电压指示

3. 克拉泼振荡器电路仿真

在电路窗口中新建克拉泼振荡器的仿真电路，如图 5-27 所示。输出端分别接上示波器用以观察输出波形，频率计用以显示振荡频率，万用表用以指示振荡电压幅度。

示波器上观察到的克拉泼振荡器的振荡波形如图 5-28 所示。

频率计上指示的此克拉泼振荡器的振荡频率是 13.703 MHz，如图 5-29 所示。万用表指示的此克拉泼振荡器的振荡电压幅度是 5.063 V，如图 5-30 所示。

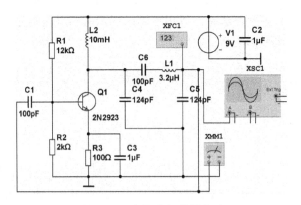

图 5-27　克拉泼振荡器电路

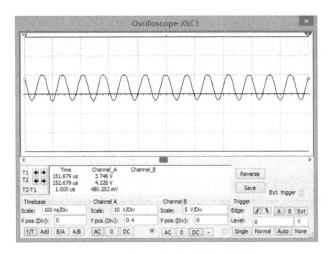

图 5-28　克拉泼振荡器的振荡波形

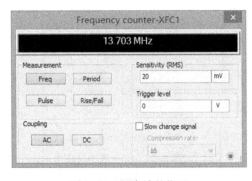

图 5-29　频率计的指示

图 5-30　振荡电压幅度

4. 西勒振荡器电路仿真

在电路工作窗口中新建西勒振荡器的仿真电路，如图 5-31 所示。同样，电路输出端分别接上示波器用以观察输出波形，频率计用以显示振荡频率，万用表用以指示振荡电压幅度。

为了观察到西勒振荡器起振时的情况，仿真时将示波器的时间轴设置得大一些，其振荡波形如图 5-32 所示。

再减小示波器的时间轴设置，观察到的西勒振荡器的振荡波形如图 5-33 所示。

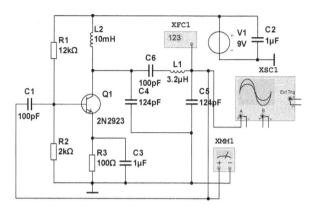

图 5-31　西勒振荡器电路

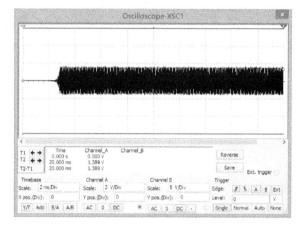

图 5-32　西勒振荡器起振时的波形

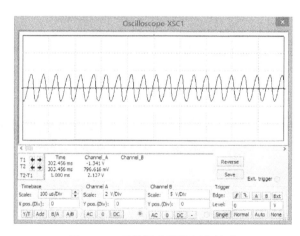

图 5-33　西勒振荡器的振荡波形

万用表指示的此西勒振荡器的振荡幅度是 8.091 V，如图 5-34 所示。

5. 石英晶体振荡器电路仿真

在电路窗口中新建并联石英晶体振荡器电路，如图 5-35 所示。

仿真后，在示波器上观察到的石英晶体振荡器的振荡波形如图 5-36 所示。

图 5-34　振荡幅度

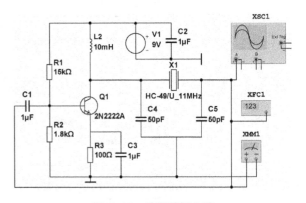

图 5-35　并联晶振电路

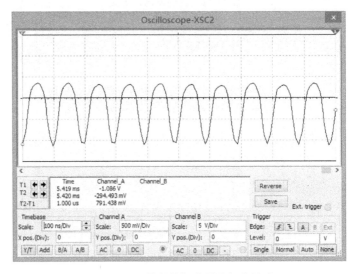

图 5-36　石英晶体振荡器的振荡波形

频率计上指示的这个石英晶体振荡器的振荡频率是 10.187 MHz。频率计的指示如图 5-37 所示。万用表指示的这个石英晶体振荡器的振荡幅度是 5.841 V，万用表指示如图 5-38 所示。

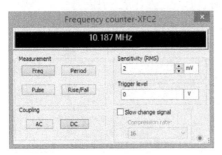

图 5-37　振荡频率

图 5-38　振荡幅度

习题

1. 为什么晶体管振荡器大都采用固定偏置与自偏置的混合偏置电路？

2. 为什么兆赫级以上的振荡器很少用 RC 振荡电路？

3. 为什么 LC 振荡器中的谐振放大器一般工作在失谐状态？它对振荡器的性能指标有何影响？

4. 振荡器的起振条件、平衡条件和稳定条件分别是什么？

5. 高频小信号放大电路、高频功率放大电路、正弦波振荡电路在结构上都由哪两部分构成？试简述这三种电路的主要不同点。

6. LC 振荡器的振幅不稳定，是否会影响频率稳定？为什么？

7. 简要回答构成一个振荡器须具备哪些条件。

8. 试简要比较电感反馈式三端振荡器与电容反馈式三端振荡器的优缺点。

9. 利用相位平衡条件的判断准则，判断图 5-39 中所示的三端式振荡器交流等效电路，哪个是错误的（不可能振荡）？哪个是正确的（可能振荡）？属于哪种类型的振荡电路？

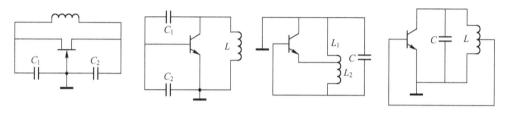

图 5-39 题 9 图

10. 图 5-40 表示三回路振荡器的交流等效电路，假定有以下六种情况：

(1) $L_1C_1 > L_2C_2 > L_3C_3$；

(2) $L_1C_1 < L_2C_2 < L_3C_3$；

(3) $L_1C_1 = L_2C_2 = L_3C_3$；

(4) $L_1C_1 = L_2C_2 > L_3C_3$；

(5) $L_1C_1 < L_2C_2 = L_3C_3$；

(6) $L_2C_2 < L_3C_3 < L_1C_1$。

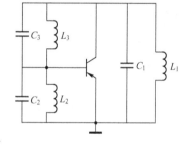

图 5-40 题 10 图

试问哪几种情况可能振荡？等效为哪种类型的振荡电路？其振荡频率与各回路的固有谐振频率之间有什么关系？

11. 振荡器电路如图 5-41 所示，图中 $C_1 = 100\ \mathrm{pF}$，$C_2 = 0.0132\ \mu\mathrm{F}$，$L_1 = 100\ \mu\mathrm{H}$，$L_2 = 300\ \mu\mathrm{H}$。（1）试画出交流等效图；（2）求振荡频率；（3）求电压反馈系数 F。

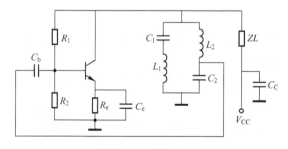

图 5-41 题 11 图

12. 如图 5-42 所示振荡电路，设晶体管分布电容可忽略。（1）画出交流等效电路；

（2）判断是什么形式的振荡电路；（3）当回路电感 $L = 1.5\,\mu\mathrm{H}$ 时，要使振荡频率为 $49.5\,\mathrm{MHz}$，应将 C_4 调到多大？（4）计算反馈系数 F。

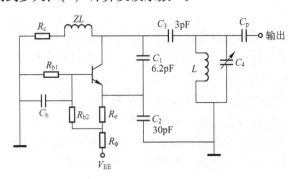

图 5-42　题 12 图

13. 以克拉泼振荡器为例说明改进型电容三端式电路为什么可以提高频率稳定度？

14. 画出并联改进型电容反馈三端式振荡电路图（西勒电路），写出其振荡频率表达式，并说明这种电路为什么在波段范围内幅度比较平稳？

15. 某振荡电路如图 5-43 所示，已知 $C_1 = C_2 = 1000\,\mathrm{pF}$，$C_3 = 200\,\mathrm{pF}$，$L = 0.5\,\mu\mathrm{H}$。（1）分析电路是什么形式的振荡电路，并画出高频交流等效电路；（2）求振荡频率；（3）求反馈系数。

16. 试从工作频率范围、器件的工作状态、改善输出波形的措施、对放大器的要求等几方面比较 LC 正弦波振荡器和 RC 正弦波振荡器的不同点，并对为什么产生这些不同点做简要的说明。

17. 泛音晶体振荡器的电路构成有什么特点？

18. 用石英晶体稳频，如何保证振荡一定由石英晶体控制？

19. 如图 5-44 所示的电路是什么类型的振荡器电路？石英晶体在电路中的主要作用是什么？此振荡器电路的振荡频率为多少？

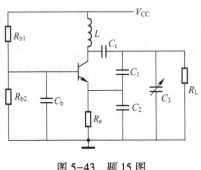

图 5-43　题 15 图

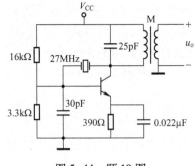

图 5-44　题 19 图

第6章 频谱线性变换电路（振幅调制、解调与混频）

6.1 概述

频谱变换电路是指能够将输入信号的频谱变换成所需信号频谱而输出的电路，这种功能电路是通信系统中的重要组成部分。频谱变换电路可分为频谱线性变换电路和频谱非线性变换电路。频谱线性变换电路是指能实现输入信号频谱与输出信号频谱之间保持线性平移关系的电路，这种电路包括普通调幅波的产生和解调电路、抑制载波的调幅波的产生和解调电路、混频电路和倍频电路等。若输入信号频谱与输出信号频谱之间为非线性平移关系，则称这种电路为频谱非线性变换电路，这种电路主要包括调频波的产生和解调电路、限幅电路等。本章只讨论频谱线性变换电路。

调制与解调是通信系统中的重要组成部分。调制是在发送端将调制信号从低频段变换到高频段，便于天线发射与接收。解调是在接收端将已调波从高频段再变换到低频段，恢复原调制信号的过程。调制方式的不同会决定一个通信系统性能的不同。具体来说调制主要有以下三个原因：

1）根据电磁波理论，在无线通信系统中，只有当天线的尺寸与波长基本相等或相差不大时才能以电磁波的形式有效地辐射功率，这就需要将传输的信息变为足够高的高频信号。

2）国际上对于无线频谱有严格的管理与分配。在当今频谱拥挤的情况下，无线高频可提供更大的通信容量。

3）利用调制技术可将工作于同一频率范围的音频信号变换到不同高频之上，可实现各电台发射和接收信号不混淆。

6.2 振幅调制的基本原理

振幅调制简称调幅。按已调信号频谱结构的不同可分为普通调幅（Amplitude Modulation，AM）波、抑制载波的双边带调制（Double Sideband Modulation，DSB）波、抑制载波和一个边带的单边带调制（Single Sideband Modulation，SSB）波。

6.2.1 普通调幅波

设载波信号为

$$v(t) = V_0 \cos\omega_0 t \tag{6-1}$$

式中，ω_0 为载波角频率。其波形如图 6-1a 所示。

调制信号为单一频率的余弦波：

$$v_\Omega(t) = V_\Omega \cos\Omega t \tag{6-2}$$

其波形如图 6-1b 所示。因为调幅波的振幅和调制信号成正比，由此可得调幅波的振幅为

$$V(t) = V_0 + k_a V_\Omega \cos\Omega t \tag{6-3}$$

式中，k_a 为由调制电路决定的比例常数。由于实现振幅调制后载波频率保持不变，故已调波可以用下式表示：

$$v_{AM}(t) = V(t)\cos\omega_0 t = (V_0 + k_a V_\Omega \cos\Omega t)\cos\omega_0 t = V_0(1 + m_a \cos\Omega t)\cos\omega_0 t \tag{6-4}$$

式中，$m_a = \dfrac{k_a V_\Omega}{V_0}$ 称为调幅指数或调幅度，它表示载波振幅受调制信号控制的程度，通常用百分数来表示。

可见，调幅波也是一个高频振荡信号，它的振幅变化规律（即包络变化）是与调制信号完全一致的。因此调幅波携带着原调制信号的信息。由于调幅指数 m_a 与调制电压的振幅成正比，即 V_Ω 越大，m_a 越大，调幅波幅度变化越大，m_a 小于或等于 1。如果 $m_a > 1$，调幅波会产生失真，这种情况称为过调幅，在实际工作中应当避免产生过调幅。调幅波的波形如图 6-1c 所示。

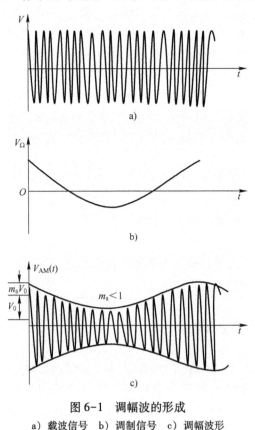

图 6-1　调幅波的形成
a）载波信号　b）调制信号　c）调幅波形

将式（6-4）展开得

$$\begin{aligned}
v_{AM}(t) &= V_0\cos\omega_0 t + m_a V_0 \cos\Omega t\cos\omega_0 t \\
&= V_0\cos\omega_0 t + \frac{1}{2} m_a V_0 \cos(\omega_0 + \Omega)t + \frac{1}{2} m_a V_0 \cos(\omega_0 - \Omega)t
\end{aligned} \tag{6-5}$$

由式（6-5）可见，由单一调制频率信号调制后的已调波，由三个高频分量组成，除角

频率 ω_0 的载波以外，还有第二项频率为 $\omega_0+\Omega$，即载波频率与调制信号频率之和，比 ω_0 高，称为上边频；第三项频率为 $\omega_0-\Omega$，即载波频率与调制信号频率之差，比 ω_0 低，称为下边频。载波频率分量的振幅仍为 V_0，而两个边频分量的振幅均为 $\frac{1}{2}m_a V_0$。因 m_a 最大值只能等于 1，所以边频振幅的最大值不能超过 $\frac{1}{2}V_0$，把这三个变频分量相对振幅和频率关系用图画出，便可得到图 6-2 所示的频谱图。在这个图上，调幅波的每一个正弦分量用一个线段表示，线段的长度代表其幅度，线段在横轴上的位置代表其频率。由图可知，单一频率调制时，已调波的频带宽度为调制信号频率的两倍，即 $B=2F$。

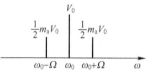

图 6-2　单频率调制时调幅波频谱

然而，在实际应用中调制信号不是单一频率的正弦波，而是包含若干频率分量的复杂波形（例如实际的话音信号就很复杂），即在多频（不同调制信号频率为 $\Omega_1,\Omega_2,\cdots$）调制时，根据式（6-4）同样的方法，可得到其对应的调幅波方程为

$$v_{AM}(t)=V_0(1+m_1\cos\Omega_1 t+m_2\cos\Omega_2 t+m_3\cos\Omega_3 t+\cdots)\cos\omega_0 t$$

$$=V_0\cos\omega_0 t+\frac{m_1}{2}V_0\cos(\omega_0+\Omega_1)t+\frac{m_1}{2}V_0\cos(\omega_0-\Omega_1)t$$

$$+\frac{m_2}{2}V_0\cos(\omega_0+\Omega_2)t+\frac{m_2}{2}V_0\cos(\omega_0-\Omega_2)t \qquad (6\text{-}6)$$

$$+\frac{m_3}{2}V_0\cos(\omega_0+\Omega_3)t+\frac{m_3}{2}V_0\cos(\omega_0-\Omega_3)t$$

$$+\cdots$$

由式（6-6）可得多频调制调幅波的频谱图如图 6-3 所示。由此可以看出，一个调幅波实际上是占有某一个频率范围，这个范围称为频带。调制后调制信号的频谱被线性地变换到载频的两边，称为调幅波的上、下边带。已调信号总的频带宽度为最高调制频率的两倍，即 $B=2F_{max}$。由图 6-2、图 6-3 可知，调幅的过程实际上是一种频谱线性变换的过程。

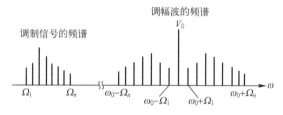

图 6-3　多频调制调幅波的频谱图

6.2.2　抑制载波的双边带和单边带调幅波

对已调波频谱分析发现，在调幅波中载波并不含有任何有用信息，要传递的信息只包含于变频分量中。因此，为了节省发射功率，可以只发射含有信息的上、下两个边带，而不发射载波，这种调制方式称为抑制载波的双边带调幅，简称双边带调幅（DSB）。

由式（6-4）可知，当不发射载波时，双边带调幅波的表达式为

$$v_{\mathrm{DSB}}(t) = k_a v_\Omega(t) \cos\omega_0 t \tag{6-7}$$

将式（6-2）代入式（6-7）中得

$$v_{\mathrm{DSB}}(t) = k_a V_\Omega \cos\Omega t \cos\omega_0 t$$

$$= \frac{1}{2} k_a V_\Omega \{ \cos[(\omega_0 + \Omega)t] + \cos[(\omega_0 - \Omega)t] \} \tag{6-8}$$

由式（6-8）可见，双边带调幅波的振幅按调制信号的规律变化，不是在 V_0 的基础上，而是在零值的基础上变化，可正可负。因此，当调制信号从正半轴进入负半轴的瞬间（即调幅包络线过零点时），相应高频振荡的相位发生 180°的突变。双边带调幅的调制信号、调幅波如图 6-4 所示。由图可见，双边带调幅波的包络已不再反映调制信号的变化规律。

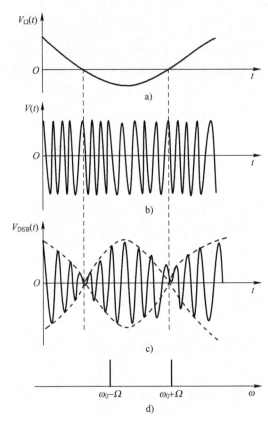

图 6-4　单频调制双边带调幅信号及其频谱

　　观察双边带调幅波的频谱结构与调制信号的频谱结构可见，双边带调幅的作用也是把调制信号的频谱不失真地线性变换到载频的两边，所以，双边带调幅电路也是频谱线性变换电路，其所占频带为 $B_{\mathrm{DSB}} = 2F_{\max}$。由于双边带调制抑制了载波，输出功率是有用信号，它比普通调幅经济，但在频带利用率上没有什么改进。为进一步节省发送功率，减小频带宽度，提高频带利用率，可采用单边调幅波。

　　由图 6-4 可知，双边带调幅波上边带和下边带都反映了调制信号的频谱结构，因而它们都含有调制信号的全部信息。从传输信息的观点来看，可以进一步把其中的一个边带抑制掉，只保留一个边带（上边带或下边带）。这不仅可以进一步节省发射功率，而且频带的宽度也缩小了一半，这对于波道特别拥挤的短波通信是很有利的。这种既抑制载波又只传送一个边带的调制方式，称为单边带调幅（SSB）。

因此，由式（6-7）可得单边带调幅波的表达式为

$$v_{SSB}(t) = \frac{1}{2}k_a V_\Omega \cos(\omega_0 + \Omega)t$$

$$\text{或 } v_{SSB}(t) = \frac{1}{2}k_a V_\Omega \cos(\omega_0 - \Omega)t \tag{6-9}$$

获得单边带调幅波常用的方法有滤波法和移相法，这里简单讨论如何使用滤波法获得单边带调幅波。

调制信号 $v_\Omega(t)$ 和 $v(t)$ 经乘法器（或平衡调幅器）获得抑制载波的双边带调幅波，再通过带通滤波器滤除双边带调幅波中的一个边带（上边带或下边带），便可获得单边带调幅波。当带通滤波器的通带位于载频以上时，提取上边带，否则提取下边带。

由此可见，滤波法的关键是高频带通滤波器，它必须具备这样的特性：对于要求滤除的，边带信号应具有很强的抑制能力；而对于要求保留的，边带信号应使其不失真地通过。这就要求滤波器在载频处具有非常陡峭的滤波特性。用这种方法实现单边带调幅的数学模型如图6-5所示。

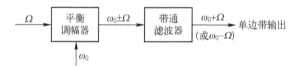

图6-5　滤波器法原理

6.2.3　调幅波的功率关系

如果将调幅波电压加于负载电阻 R 上，则负载电阻吸收的功率为各项正弦分量单独作用时功率之和。因此 R 上获得的功率为

载波分量功率

$$P_{0T} = \frac{1}{2}\frac{V_0^2}{R} \tag{6-10}$$

上边频分量功率

$$P_{(\omega_0 + \Omega)} = \left(\frac{m_a V_0}{2}\right)^2 \frac{1}{2R} = \frac{1}{4}m_a^2 P_{0T} \tag{6-11}$$

下边频分量功率

$$P_{(\omega_0 - \Omega)} = \left(\frac{m_a V_0}{2}\right)^2 \frac{1}{2R} = \frac{1}{4}m_a^2 P_{0T} \tag{6-12}$$

因此，调幅波在调制信号的一个周期内给出的平均功率为

$$P_0 = P_{0T} + P_{(\omega_0 - \Omega)} + P_{(\omega_0 + \Omega)} = P_{0T}\left(1 + \frac{m_a^2}{2}\right) \tag{6-13}$$

可见，边频功率随 m_a 的增大而增加，当 $m_a = 1$ 时，边频功率为最大，即 $P = \frac{3}{2}P_c$。这时上、下边频功率之和只有载波功率的一半，也就是说，用这种调制方式，发送端发送的功率被不携带信息的载波占去了很大的比例，显然，这是很不经济的。但由于这种调制设备简单，特别是解调更简单，便于接收，所以它仍在某些领域中广泛应用。

6.3 普通调幅波调制电路

由前面的讨论可知，能产生调幅波的器件和电路应具有相乘运算功能，一般是由非线性器件构成的。目前在通信系统中广泛使用的是由二极管构成的平衡乘法器和集成模拟乘法器。下面先对非线性器件的相乘作用进行讨论，再分析普通调幅波产生电路。

6.3.1 非线性器件的相乘作用

半导体二极管、晶体管等都是非线性器件，其伏安特性都是非线性的，故它们都具有相乘作用。下面以二极管为例讨论非线性器件的相乘作用。

1. 幂级数分析法

二极管电路如图 6-6a 所示，图中 V_Q 表示二极管的静态工作点，使之工作在二极管伏安特性曲线的弯曲部分，如图 6-6 b 所示。v_1、v_2 是两个输入信号电压（例如调制信号和载波）。设非线性器件二极管的伏安特性为 $i=f(u)$，这里 $v=V_Q+v_1+v_2$，若非线性器件的伏安特性用幂级数近似，则在静态工作点 V_Q 展开的泰勒级数为

$$i=f(V_Q+v_1+v_2)$$
$$=a_0+a_1(v_1+v_2)+a_2(v_1+v_2)^2+\cdots+a_n(v_1+v_2)^n+\cdots \tag{6-14}$$

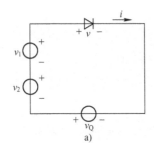
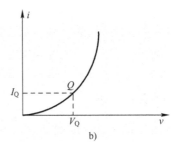

图 6-6　二极管的相乘作用

a）电路　b）二极管伏安特性曲线

式中，$a_0,a_1,\cdots,a_n,\cdots$ 是该级数的各系数，它们由下列通式表示：

$$a_n=\frac{1}{n!}\cdot\left.\frac{\mathrm{d}^nf(v)}{\mathrm{d}v^n}\right|_{v=V_Q}=\frac{f^n(V_Q)}{n!} \tag{6-15}$$

将式（6-14）右边各幂级数项展开得

$$i=a_0+(a_1v_1+a_1v_2)+(a_2v_1^2+a_2v_2^2+2a_2v_1v_2)+$$
$$(a_3v_1^3+a_3v_2^3+3a_3v_1^2v_2+3a_3v_1v_2^2)+\cdots \tag{6-16}$$

由式（6-16）可见，当二极管同时输入两个电压信号时，电流中存在着两个电压信号相乘项 $2a_2v_1v_2$，该项即为产生调幅波的有用项。但电流中同时也存在着许多无用相乘项，这些项是干扰信号。因此，非线性器件的相乘作用不理想，必须采取措施尽量减少这些无用项。应用中常采取的措施如下。

1）选用平方律特性好的非线性器件或选择器件的合适工作点，使非线性器件工作在特

性接近平方律的区域。

2）采用多个非线性器件组成的平衡电路、环形电路，利用电路对称结构来抵消一部分无用组合分量。

3）合理选择输入信号幅值的大小，实现由大信号控制非线性器件的时变状态，以便减少无用相乘项。

2. 线性时变分析法

针对以上讨论，可以通过减小输入信号 v_1 或 v_2 的幅度，使非线性器件工作在线性时变状态，从而有效地减小高阶相乘项及其产生的组合频率分量幅度。

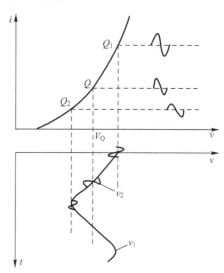

非线性器件时变工作状态如图 6-7 所示，V_Q 为静态工作点电压，令 $v_1 = V_{1m} \cos(\omega_1 t)$，$v_2 = V_{2m} \cos(\omega_2 t)$，$v_2$ 幅度很小，有 $V_{2m} \ll V_{1m}$。由图 6-7 可见，非线性器件的工作点按大信号 v_1 的变化规律随着时间变化，在伏安特性曲线上来回移动，称为时变工作点。在任一工作点（例如图 6-7 中 Q、Q_1、Q_2 等点）上，由于叠加在其上的 v_2 很小，因此，在 v_2 的变化范围内，非线性器件的伏安特性曲线可近似看作线性段，不过对于不同的时变工作点，线性段的斜率（称为线性参量）是不同的。由于工作点是随 v_1 而变化的，而 v_1 是时间的函数，所以非线性器件的线性参量也是时间的函数，把这种随时间变化的参量称为时变参量，把这种工作状态称为线性时变工作状态。

图 6-7　非线性器件时变工作状态

若将非线性器件的伏安特性 $i = f(V_Q + v_1 + v_2)$ 在 $(V_Q + v_1)$ 上对 v_2 展开为泰勒级数，即将式（6-14）在 $(V_Q + v_1)$ 上对 v_2 用泰勒级数展开，则有

$$i = f(V_Q + v_1 + v_2)$$

$$= f(V_Q + v_1) + f'(V_Q + v_1)v_2 + \frac{1}{2!}f''(V_Q + v_1)v_2^2 + \cdots \tag{6-17}$$

式中

$$f(V_Q + v_1) = a_0 + a_1 v_1 + a_2 v_1^2 + \cdots + a_n v_1^n + \cdots = \sum_{n=0}^{\infty} a_n v_1^n \tag{6-18}$$

$$f'(V_Q + v_1) = a_0 + 2a_2 v_1 + \cdots + na_n v_1^{n-1} + \cdots = \sum_{n=0}^{\infty} na_n v_1^{n-1} \tag{6-19}$$

$$f''(V_Q + v_1) = 2a_2 + \cdots + n(n-1)a_n v_1^{n-2} + \cdots = \sum_{n=0}^{\infty} n(n-1)a_n v_1^{n-2} \tag{6-20}$$

若 v_2 足够小，$v_2 \ll v_1$，可忽略 $f''(V_Q + v_1)$ 以上各项，则式（6-17）简化为

$$i \approx f(V_Q + v_1) + f'(V_Q + v_1)v_2 \tag{6-21}$$

式中，$f(V_Q + v_1)$、$f'(V_Q + v_1)$ 是与 v_2 无关的系数，但它们都随 v_1 而变化，即是 v_1 的时间函数，故称它们为时变系数或称为时变参量。其中 $f(V_Q + v_1)$ 是在 $v_2 = 0$ 时的电流，称为时变静态电流（或称为时变工作点电流），用 $I_0(t)$ 表示；$f'(V_Q + v_1)$ 是增量电导在 $v_2 = 0$ 时的数

值，称为时变增量电导（或时变电导），用$g(t)$表示。这样式（6-21）可表示为

$$i = I_0(t) + g(t)v_2 \qquad (6-22)$$

由式（6-22）可见，非线性器件的输出电流i与输入电压v_2是线性关系，类似线性器件，而它们的系数却是时变的。因此，把这种非线性器件的工作状态称为线性时变工作状态，具有这种关系的电路称为线性时变电路。

令$v_1 = V_{1m}\cos(\omega_1 t)$，根据式（6-18）和式（6-19），$I_0(t)$与$g(t)$可表示为

$$\left.\begin{aligned}
I_0(t) &= \sum_{n=0}^{\infty} a_n V_{1m}^n \cos^n(\omega_1 t) = I_0 + I_{1m}\cos(\omega_1 t) + I_{2m}\cos(2\omega_1 t) + \cdots \\
g(t) &= \sum_{n=0}^{\infty} n a_n V_{1m}^{n-1} \cos^{n-1}(\omega_1 t) = g_0 + g_1\cos(\omega_1 t) + g_2\cos(2\omega_1 t) + \cdots
\end{aligned}\right\} \qquad (6-23)$$

式中，I_0、I_{1m}、$I_{2m}\cdots$分别为电流$I_0(t)$的直流分量、基波、二次谐波等分量的振幅；g_0、g_1、$g_2\cdots$分别为$g(t)$的直流分量、基波和二次谐波等分量的幅度。

令$v_2 = V_{2m}\cos(\omega_2 t)$，并与式（6-22）代入式（6-23），则得

$$\begin{aligned}
i &= I_0(v_1) + [g_0 + g_1\cos(\omega_1 t) + g_2\cos(2\omega_1 t) + \cdots] V_{2m}\cos(\omega_2 t) \\
&= I_0 + I_{1m}\cos(\omega_1 t) + I_{2m}\cos(2\omega_1 t) + \cdots \\
&\quad + g_0 V_{2m}\cos(\omega_2 t) + \frac{1}{2}g_1 V_{2m}\{\cos[(\omega_1+\omega_2)t] + \cos[(\omega_1-\omega_2)t]]\} \\
&\quad + \frac{1}{2}g_2 V_{2m}\{\cos[(2\omega_1+\omega_2)t] + \cos[(2\omega_1-\omega_2)t]] + \cdots\}
\end{aligned} \qquad (6-24)$$

由式（6-24）可见，输出电流中含有直流、ω_1、ω_2及其各次谐波分量、ω_1及其各次谐波与ω_2的组合频率分量，而消除了ω_2的各次谐波与ω_1及其各次谐波的组合频率分量。相比式（6-16），众多无用组合频率分量被消除了。同时，对于调幅而言，可令v_1为载波信号，v_2为调制信号，则$\omega_1\pm\omega_2$是有用的频率分量，其他均为无用频率分量，显然有用的频率分量与无用频率分量相差很远，因此很容易用滤波器将其滤除。故线性时变工作状态可实现频谱线性变换功能。

3. 开关函数分析法

开关工作是线性时变工作状态的特例。在图6-8所示二极管电路中，令$v_1 = V_{1m}\cos(\omega_1 t)$为大信号，$v_2 = V_{2m}\cos(\omega_2 t)$为小信号，且有$V_{2m} \ll V_{1m}$，二极管工作在大信号状态，即二极管的导通与截止仅取决于大信号v_1，且在v_1的作用下轮流工作在导通和截止区。当$v_1 > 0$时二极管导通，导通电阻为r_D，当$v_1 < 0$时二极管截止，电流$i = 0$，因此，二极管可以用受v_1控制的开关等效，如图6-8b所示。图中，$s_1(v_1)$是受v_1控制的单向开关函数，即

$$s_1(v_1) = \begin{cases} 1 & v_1 > 0 \\ 0 & v_1 < 0 \end{cases} \qquad (6-25)$$

由于v_1是周期性函数，角频率为ω_1，因而$s_1(v_1)$也为周期函数，将它表示为$s_1(\omega_1 t)$，其波形如图6-9所示，说明开关按角频率ω_1作周期性关闭。根据图6-8b所示电路，通过二极管的电流为

$$i = s_1(\omega_1 t)\frac{v_1+v_2}{r_D} = s_1(\omega_1 t)g_D(v_1+v_2) \qquad (6-26)$$

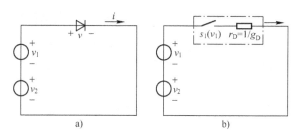

图 6-8 二极管开关工作状态

a）原理电路　b）开关等效电路模型

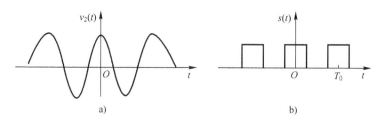

图 6-9 开关函数波形

a）控制信号波形　b）$s_1(v_1)$波形

式中，$g_D = 1/r_D$ 为二极管的导通电导。因为 $s_1(\omega_1 t)$ 为周期函数，故对其进行傅里叶级数展开得

$$s_1(\omega_1 t) = \frac{1}{2} + \frac{2}{\pi}\cos(\omega_1 t) - \frac{2}{3\pi}\cos(3\omega_1 t) + \cdots \tag{6-27}$$

将 $v_1 = V_{1m}\cos(\omega_1 t)$，$v_2 = V_{2m}\cos(\omega_2 t)$ 和式（6-27）代入式（6-26），则得

$$
\begin{aligned}
i &= g_D\left[\frac{1}{2} + \frac{2}{\pi}\cos(\omega_1 t) - \frac{2}{3\pi}\cos(3\omega_1 t) + \cdots\right]\left[V_{1m}\cos(\omega_1 t) + V_{2m}\cos(\omega_2 t)\right] \\
&= \frac{1}{2}g_D\left[V_{1m}\cos(\omega_1 t) + V_{2m}\cos(\omega_2 t)\right] + \frac{2}{\pi}g_D V_{1m}\cos^2(\omega_1 t) \\
&\quad + \frac{2}{\pi}g_D V_{2m}\cos(\omega_1 t)\cos(\omega_2 t) - \frac{2}{3\pi}g_D V_{1m}\cos(3\omega_1 t)\cos(\omega_1 t) \\
&\quad - \frac{2}{3\pi}g_D V_{2m}\cos(3\omega_1 t)\cos(\omega_2 t) + \cdots
\end{aligned}
\tag{6-28}
$$

利用三角函数关系并加以整理，可得

$$
\begin{aligned}
i &= \frac{g_D}{\pi}V_{1m} + \frac{g_D}{2}V_{1m}\cos(\omega_1 t) + \frac{g_D}{2}V_{2m}\cos(\omega_2 t) \\
&\quad + \frac{g_D}{\pi}V_{2m}\cos\left[(\omega_1 + \omega_2)t\right] + \frac{g_D}{\pi}V_{2m}\cos\left[(\omega_1 - \omega_2)t\right] \\
&\quad + \frac{2g_D}{3\pi}V_{1m}\cos(2\omega_1 t) - \frac{g_D}{3\pi}V_{1m}\cos(4\omega_1 t) \\
&\quad - \frac{g_D}{3\pi}V_{2m}\cos\left[(3\omega_1 + \omega_2)t\right] - \frac{g_D}{3\pi}V_{2m}\cos\left[(3\omega_1 - \omega_2)t\right] + \cdots
\end{aligned}
\tag{6-29}
$$

由式（6-29）可见，输出电流中含有直流、ω_1、ω_2 及其偶次谐波分量、ω_1 及其奇次谐波与

ω_2 的组合频率分量，相比式（6-24），式（6-29）中无用组合频率分量进一步减少。同样，对于调幅而言，可令 v_1 为载波信号，v_2 为调制信号，则 $\omega_1 \pm \omega_2$ 是有用的频率分量，故非线性器件的开关工作状态可实现频谱线性变换功能。

6.3.2 低电平调幅电路

低电平调幅电路是指调幅在发送设备的低电平级实现，此种电路所产生的已调波功率较小，必须经过线性的已调波功率放大，才能取得所需功率。低电平调幅电路一般产生双边带调幅信号和单边带调幅信号。由于调制在低电平级实现，故电路的输出功率和效率不是低电平调幅电路的主要问题，其要求是要有良好的调制线性度（即已调信号能不失真地反映低频调制信号的变化规律）和较强的载波抑制能力（即载波输出要小）。低电平调幅电路目前主要采用二极管双平衡相乘器和模拟相乘器来获得调幅波。

1. 二极管平衡调幅电路

根据 6.3.1 节中所讨论的非线性器件的幂级数分析法，在图 6-6a 中，令 v_1、v_2 分别为载波信号与低频调制信号，将两个信号相加（在图 6-6a 中为 v_1、v_2 两个输入电压的串联）后通过具有非线性特性的二极管，由式（6-14）可知，产生调幅作用的是 $a_2(v_1+v_2)^2$，因此称为平方律调幅。只要非线性器件二极管静态工作点和输入信号变换范围选择合适，则其就可以工作在满足平方律的区段，在图 6-6a 中，电流 i 中会存在调幅波包含的频率成分 $\omega_0 \pm \Omega$，通过带通滤波器滤除无用频率成分就可以得到普通调幅波，故图 6-6a 可以组成平方律调幅电路。另外，为了抑制载波，还可以组成平衡调幅器电路。

将两个二极管平方律调幅器电路对称连接，即可组成二极管平衡调幅器电路，如图 6-10 所示。平衡调幅器电路输出电压只有上、下边频，没有载波，载波频率分量由于电路对称而被抵消，故平衡调幅器电路产生的是载波被抑制的双边带调幅波。

另外，还可以用二极管组成桥式平衡调幅器，如图 6-11 所示。图中，令 $v_1(t)=V_{1m}\cos(\omega_0 t)$ 为载波信号，$v_\Omega = V_\Omega \cos(\Omega t)$ 为调制信号，且有 $V_{2m} \ll V_{1m}$（一般要求载波信号振幅比调制信号振幅大 10 倍以上）。根据前面讨论的非线性器件的开关函数分析法，图中二极管的通断取决于 $v_1(t)$，即当 $v_1 > 0$（或 $v_a > v_b$）时，四个二极管都导通，此时输出电压为零；即当 $v_1 < 0$（或 $v_a < v_b$）时，四个二极管都截止，此时输出电压就等于调制信号。由式（6-27）可知，此电路也可实现载波被抑制的双边带调幅波。

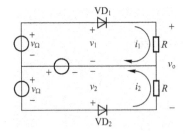
图 6-10　二极管平衡调幅器简化电路

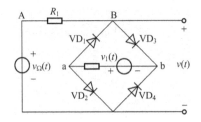
图 6-11　二极管桥式平衡调幅器

2. 二极管环形调幅电路

由四个二极管可连接成如图 6-12 所示的环形调幅电路。图中四个二极管的导通或截止同样由大信号载波电压来控制，且有 $V_\Omega \ll V_{1m}$。当 $v_a > v_b$ 时，VD_1 和 VD_3 导通，VD_2 和 VD_4 截止；当 $v_a < v_b$ 时，则 VD_2 和 VD_4 导通，而 VD_1 和 VD_3 截止，同样可以实现载波被抑制的双边带调幅波。

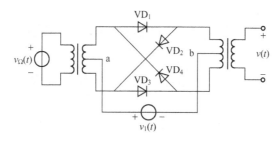

图 6-12　二极管环形调幅电路

3. 模拟相乘器调幅电路

由模拟相乘器 MC1596G 产生普通调幅波的电路如图 6-13 所示。其中引脚 1 和引脚 4 之间接的 50 kΩ 电位器是用来调节调幅指数大小的，从引脚 1 加入调制信号，从引脚 10 加入载波信号，由引脚 6 通过 0.1 μF 电容输出普通调幅波。在该图的输出端，还可以加入带通滤波器，从而抑制无用频率分量，因此，MC1596G 还可以构成双边带调幅波电路、同步检波电路以及构成混频器等。

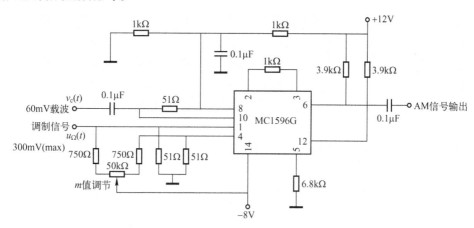

图 6-13　由模拟相乘器产生 AM 信号电路

6.3.3　高电平调幅电路

高电平调幅电路是指调幅在发送设备的高电平级（如末级功率放大级）实现的，此种电路是在调谐功率放大器的基础上形成的，具体来说是一个高频输出电压振幅受低频调制信号控制的调谐功率放大器。因此，高电平调幅电路可直接产生功率比较大的已调波，无须再进行放大，一般用于获得普通调幅波。

1. 集电极调幅

图 6-14 所示为集电极调幅电路，图中直流电源 V_{CC} 和低频调制信号 $V_\Omega \cos\Omega t$ 串联，因此在调制过程中，晶体管的有效集电极电源电压将随着调制信号 $V_\Omega \cos\Omega t$ 的变化而变化。由

第 4 章中图 4-8 可知，当晶体管工作在过电压状态时，集电极电流的基本分量 I_{cm1} 将随着集电极电源电压成正比变化，故集电极回路输出的高频电压的振幅将随着调制信号的变化而变化，从而获得调幅波。

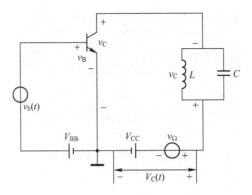

图 6-14　集电极调幅的基本电路

由以上分析可知，为了实现集电极调幅，该电路必须工作于过电压状态，故能量转换效率较高，所得调幅波功率比较大，适用于较大功率的调幅发射机。

2. 基极调幅

图 6-15 所示为基极调幅电路，图中直流偏压 V_{BB} 和低频调制信号 $V_\Omega \cos\Omega t$ 串联，因此在调制过程中，放大器的有效偏压将随着调制信号 $V_\Omega \cos\Omega t$ 的变化而变化。由第 4 章中图 4-10 可知，当晶体管工作在欠电压状态时，集电极电流的基本分量 I_{cm1} 将随着基极电压成正比变化，故集电极回路输出的高频电压的振幅将随着调制信号的变化而变化，从而获得调幅波。由此可见，为了实现基极调幅，该电路必须工作于欠电压状态，故基极调幅电路效率比较低。

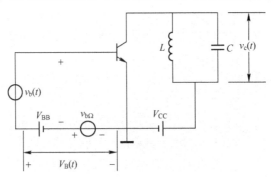

图 6-15　基极调幅的基本电路

6.4　振幅检波电路

从高频已调信号中恢复出调制信号的过程称为解调，又称为检波。对于振幅调制信号而言，解调就是从调幅波中无失真地提取调制信号的过程，故解调实质是调制的逆过程，即将高频信号线性变换到低频端，这刚好与调制过程的频谱线性变换相反。因此，解调电路也需要非线性器件构成。

振幅解调分为包络检波和同步检波。包络检波是指解调器输出电压与输入已调波电压包络成正比的检波方法，其只适用于普通调幅波。包络检波按照检波器输入信号电压的大小又分为小信号平方律检波和大信号包络检波。因大信号包络检波器应用比较广泛，故本节只讨论大信号包络检波工作原理及其质量指标。而对于载波被抑制的双边带和单边带调幅波，其包络的变化不同于调制信号，故必须采用同步检波。所谓的同步是指为了实现解调，要求接收端恢复的载波与发送端载波电压完全同步（即同频同相）。同步检波又分为乘积型与叠加型两类同步检波。

6.4.1 二极管大信号包络检波电路

1. 工作原理

当输入检波器的调幅波信号振幅大于 $0.5\,\text{V}$ 时，调幅波电压工作于二极管伏安特性曲线的线性部分，使得检波器输出电流与输入调幅波信号电压的包络呈线性关系，故称之为大信号包络检波。

图 6-16 所示为二极管大信号包络检波器电路原理图和波形图，它由输入信号回路、检波二极管 VD 和 RC 低通滤波器组成。输入信号为普通调幅波，用 $v_i(t) = V_{im}(1+m_a\cos\Omega t)\cos\omega_i t$ 表示。显然，在此电路中信号源、二极管及 RC 低通网络三者是串联的，故又可称为串联型大信号二极管检波器。图中 R 数值较大，C 与 R 组成 RC 低通滤波器，因此 C 的取值应满足

$$\frac{1}{\omega_i C} \ll R,\ \frac{1}{\Omega C} \gg R \tag{6-30}$$

即 C 的取值在高频时其容抗远小于 R，在低频（调制频率）时，其容抗远大于 R。在输入信号 $v_i(t)$ 正半周期且大于 R 和 C 上的 $v_C(t)$ 时，二极管导通，并通过二极管向电容 C 充电，此时 $v_C(t)$ 随充电电压上升而升高。充电时，二极管的正向电阻 R_d 较小，即充电时间常数 R_dC 足够小，充电较快，使得电容电压 $v_C(t)$ 在短时间内就接近输入电压的最大值。当输入信号 $v_i(t)$ 下降且小于电容电压 $v_C(t)$ 时，二极管截止，此时将停止向电容 C 充电，$v_C(t)$ 会向 R 放电且 $v_C(t)$ 会随放电而下降。放电时，因电阻 R 远大于 R_d，即放电时间常数 RC 足够大并远大于高频输入信号 $v_i(t)$ 周期，故放电很慢，因此 $v_C(t)$ 波动不大，基本上与 $v_i(t)$ 幅值接近。当电容上的电压 $v_C(t)$ 下降不多时，下一个正半周期的高频输入信号 $v_i(t)$ 电压又超过电容 C 上的电压 $v_C(t)$，使二极管重新导通，且在很短的时间内，使 C 上的电压重新接近 $v_i(t)$ 的峰值。这样周而复始地重复上述充放电过程，只要选择合适的二极管和 R、C，使得放电时间常数 RC 足够大，充电时间常数 R_dC 足够小，就可使电容两端电压（即检波输出电压 v_C）与输入电压 v_i 的包络相当接近，如图 6-16b 所示。图上所示电容电压 v_C 虽有些锯齿形起伏，但因 $R_dC \ll RC$，同时调制信号的频率远小于载波频率，故输出电压 v_C 起伏非常小，基本上与高频调幅波包络一致，故又把这种检波器称为峰值包络检波器。

由以上分析可得，二极管大信号检波过程，主要是利用二极管的单向导电特性和 RC 的充放电过程。

2. 包络检波器的质量指标

（1）电压传输系数（检波效率）

检波效率又称电压传输系数，用 K_d 表示，其定义为

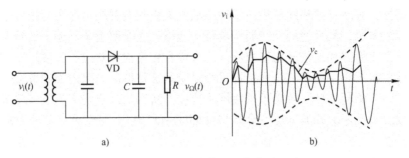

图 6-16　二极管大信号包络检波电路

a）电路原理图　b）波形图

$$K_d = \frac{\text{检波器的音频输出电压 } V_\Omega}{\text{输入调幅波包络振幅 } m_a V_{im}}$$

式中，V_{im} 是调幅波中的载波振幅。

若输入电压为等幅波时，记为 $v_i(t) = V_{im}\cos\omega_i t$，检波器输出电压为 $v_o(t) = V_{im}\cos\theta$（$\theta$ 为电流导通角），则输入电压为等幅波时的电压传输系数为

$$K_d = \frac{V_{im}\cos\theta}{V_{im}} = \cos\theta \tag{6-31}$$

若输入信号电压为普通调幅波 $v_i(t) = V_{im}(1 + m_a\cos\Omega t)\cos\omega_i t$，检波器输出电压为 $v_o(t) = V_{im}(1 + m_a\cos\Omega t)\cos\theta$，则调幅波时的电压传输系数为

$$K_d = \frac{m_a V_{im}\cos\theta}{m_a V_{im}} = \cos\theta \tag{6-32}$$

显然，检波器电压传输系数越大，则在同样大小输入电压下，获得的低频输出电压就越大，检波效率就越高，故其可用来描述检波器将已调波转换为低频信号的能力。R 越大，θ 会越小，检波器电压传输系数越大，检波效率就越高，一般 $K_d \approx 1$ 是包络检波器的主要优点。

（2）等效输入电阻

对于高频输入信号而言，检波器类似一个负载，此负载即是检波器的等效输入电阻 R_{id}，它等于输入高频电压振幅 V_{im} 与输入高频电流的基波振幅 I_{im} 之比，即

$$R_{id} = \frac{V_{im}}{I_{im}} = \frac{V_{im}}{2K_d V_{im}/R} = \frac{R}{2K_d} \tag{6-33}$$

通常 $K_d \approx 1$，故 $R_{id} \approx R/2$，说明检波器的等效输入电阻近似为负载电阻 R 的一半。显然，负载电阻 R 越大，R_{id} 就越大，则检波器对前级电路影响越小。

（3）失真

检波器的输出波形产生的主要失真包括惰性失真、负峰切割失真、非线性失真和频率失真。

① 惰性失真。

惰性失真是由于 RC 取值不当造成的。在二极管大信号包络检波电路中，输入信号已调波在一个周期之内，滤波电容 C 会充放电一次，合理选择 RC 会使得检波输出电压基本可跟踪已调波包络线的变化。若时间常数 RC 太大，则放电很慢，可能在随后的若干高频周期

内，输入电压包络线虽已下降，而 C 上的电压还大于包络线电压，使二极管始终处于反向截止，失去检波作用，直到包络线电压再次升到超过电容上的电压时，二极管才重新导通。这种由于 C 惯性太大（即 RC 数值过大）引起的非线性失真称为惯性失真（也被称为对角线切割失真），如图 6-17 所示。显然，放电越慢或包络线下降越快，则越易发生这种失真。

由以上讨论可知，产生惯性失真的原因是 $v_C(t)$ 的变化速度慢于高频电压包络变化的速度，故为了避免这种失真，只需要满足电容放电速度大于高频电压包络下降的速度即可。

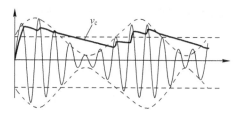

图 6-17　惯性失真

设输入检波器的信号是单频正弦调制的调幅波，其输入高频调幅电压包络按下式变化：

$$V'_{im} = V_{im}(1 + m_a \cos\Omega t)$$

故其高频电压包络变化的速度为

$$\frac{\mathrm{d}V'_{im}}{\mathrm{d}t} = -m_a \Omega V_{im} \sin\Omega t \tag{6-34}$$

电容 C 通过电阻 R 放电，放电时流过 C 的电流 i_C 与通过 R 的电流 i_R 相等。因为

$$i_C = \frac{\mathrm{d}Q}{\mathrm{d}t} = C\frac{\mathrm{d}v_C}{\mathrm{d}t}; \quad i_R = \frac{v_C}{R}$$

故 $C\dfrac{\mathrm{d}v_C}{\mathrm{d}t} = \dfrac{v_C}{R}$，即

$$\frac{\mathrm{d}v_C}{\mathrm{d}t} = \frac{v_C}{RC} \tag{6-35}$$

在二极管停止导通的瞬间，有 $v_C = V'_{im0}$，故

$$\frac{\mathrm{d}v_C}{\mathrm{d}t} = \frac{V_{im}(1 + m_a \cos\Omega t)}{RC} \tag{6-36}$$

设 　$A = \dfrac{\mathrm{d}V'_{im}}{\mathrm{d}t} \Big/ \dfrac{\mathrm{d}v_C}{\mathrm{d}t}$

将式（6-34）和式（6-36）代入上式得

$$A = RC\Omega \left| \frac{m_a \sin\Omega t)}{1 + m_a \cos\Omega t} \right| \tag{6-37}$$

为了防止产生惯性失真，应使包络线下降速度小于 RC 放电速率，即 $A < 1$。由式（6-37）可知，A 是 t 的函数，只要 $A_{max} < 1$，则在任何时刻都不会发生惯性失真。

将 A 对 t 求导，并令 $\dfrac{\mathrm{d}A}{\mathrm{d}t} = 0$，可得

$$A_{max} = RC\Omega \frac{m_a}{\sqrt{1 - m_a^2}} \tag{6-38}$$

为了保证当 $\Omega = \Omega_{max}$ 时也不产生失真，需满足

$$RC\Omega_{max} < \frac{\sqrt{1 - m_a^2}}{m_a} \tag{6-39}$$

式中，$\varOmega$ 为调制信号角频率；$\varOmega_{\max}$ 为调制信号最高角频率。

② 负峰切割失真。

负峰切割失真是由于交、直流负载不相等造成的。

在接收机中，检波器后面接的是低频放大器，为了避免检波器对低频放大器的直流工作点造成影响，通常在检波器与低频放大器之间采用耦合电容 C_C（隔直电容）进行连接，如图 6-18 所示，其中 R_L 为低频放大器的输入阻抗。

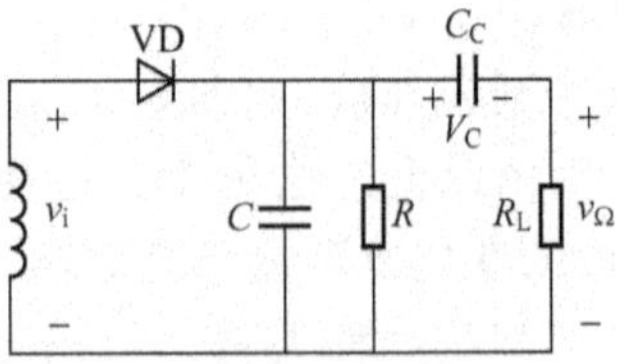

为了传输低频信号，要求 C_C 对低频信号阻抗很小，可认为短路，故其容量比较大。这样检波电路的低频交流负载为 $R_\varOmega = \dfrac{R \cdot R_L}{R + R_L}$，而直流负载仍为 R，且 $R_\varOmega < R$，即检波电路中直流负载与交流负载不等，有可能产生失真。这种失真会使检波器输出低频电压的负峰被切割，故称其为负峰切割失真。可见，隔直耦合电容 C_C 造成了交、直流负载的不等。

图 6-18 考虑了耦合电容 C_C 和低频放大器输入电阻 R_L 后的检波电路

对检波器输出的直流而言，C_C 上有一个直流电压 V_C，其大小近似等于输入高频电压的振幅 V_{im}，由于 V_C 容量比较大，故在低频信号一个周期内，其上直流电压 V_C 基本保持不变，所以其会在电阻 R 和 R_L 上产生分压，如图 6-18 所示，则 R 的分压为

$$V_R = V_C \frac{R}{R + R_L} \approx V_{im} \frac{R}{R + R_L} \tag{6-40}$$

如果输入调幅波的调制度很深，即调制系数 m_a 较大时，输入调幅波低频包络在负半周期可能会低于 V_R，则在此期间内二极管处于反向截止状态，会产生负峰切割失真，如图 6-19 所示。

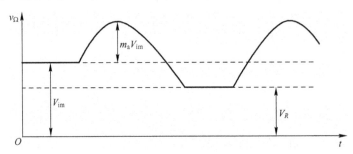

图 6-19 负峰切割失真波形

这种失真直至调幅波低频包络在负半周期大于 V_R 时结束，二极管才会恢复正常工作。

为了避免这种失真，需满足

$$(V_{im} - m_a V_{im}) > V_R \tag{6-41}$$

将式 (6-40) 代入式 (6-41) 得

$$(V_{im} - m_a V_{im}) > V_{im} \frac{R}{R + R_L}$$

所以

$$m_a < \frac{R_L}{R + R_L} \frac{R_\varOmega}{R} \tag{6-42}$$

式 (6-42) 是避免负峰切割失真的条件。

在实际电路中，可以采取一些措施来减小交、直流负载电阻值的差别。如将 R 分成 R_1 和 R_2，并通过隔直流电容 C_C 将 R_L 并接在 R_2 两端，如图 6-20 所示。由图可知，当 $R=R_1+R_2$ 维持一定时，R_2 越大，交、直流负载电阻值的差别就越小，但是输出音频电压也就越小。为了解决这个矛盾，实用电路中常取 $R_1=(0.1\sim0.2)R_2$。

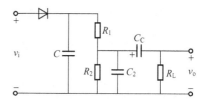

图 6-20　大信号包络检波的改进电路

电路中 R_2 还并接了电容 C_2，用来进一步滤除高频分量，提高检波电路的高频滤波能力。若负载电阻 R_L 过小，还可在检波器和负载之间插入一级射极跟随器，以减小交、直流负载电阻值的差别。

③ 非线性失真。

这种失真是由于检波二极管伏安特性曲线的非线性造成的。此时检波器输出音频电压不会完全和调幅波包络成正比。若负载电阻 R 取值足够大，则检波二极管非线性影响会很小，其引起的非线性失真可以忽略不计。

④ 频率失真。

在大信号包络检波器中，低通滤波器中 C 的主要作用是滤除输入调幅波中的载波分量，为了不产生频率失真，要求电容 C 的容抗对调制频率上限 Ω_{max} 不产生旁路作用，故有

$$\frac{1}{\Omega_{max}C} \gg R \tag{6-43}$$

为了使隔直耦合电容 C_C 上的电压降不大，必须满足下式：

$$\frac{1}{\Omega_{min}C_C} \leq R_L \tag{6-44}$$

6.4.2　同步检波电路

同步检波是对 DSB 和 SSB 已调波进行解调的。解调时需要在检波器输入端外加一个与被抑制的载波相同、频率与相位同步的本地载波信号，这就是同步的含义。同步检波又分为乘积型与叠加型两类，本小节主要讨论常用的乘积型同步检波电路。

如图 6-21 所示为乘积型同步检波器的组成框图。本地载波信号 v_0 与接收端输入的调幅波 v_1 相乘，经低通滤波器后，就可解调出原调制信号。

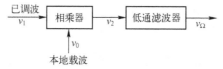

图 6-21　乘积检波器的组成框图

设输入 DSB 信号及本地载波信号分别为

$$v_1 = V_{1m}\cos\Omega t\cos\omega_1 t \tag{6-45}$$

$$v_0 = V_0\cos(\omega_0 t+\varphi) \tag{6-46}$$

本地载波信号的角频率与输入 DSB 信号载波角频率准确相等，即有 $\omega_1 = \omega_0$，但二者相位差为 φ，这时两信号相乘输出为

$$v_2 = Av_1v_0 = AV_{1m}V_0(\cos\Omega t\cos\omega_1 t)\cos(\omega_1 t+\varphi)$$

$$= \frac{1}{2}AV_{1m}V_0\cos\varphi\cos\Omega t + \frac{1}{4}AV_{1m}V_0\cos[(2\omega_1+\Omega)t+\varphi] \qquad (6-47)$$

$$+ \frac{1}{4}AV_{1m}V_0\cos[(2\omega_1-\Omega)t+\varphi]$$

显然，上式右边第一项是所需要的调制信号，后两项为高频分量被低通滤波器滤除，由此可获得频率为 Ω 的低频信号，为

$$v_\Omega = \frac{1}{2}AV_{1m}V_0\cos\varphi\cos\Omega t \qquad (6-48)$$

由式（6-48）可见，同步检波器输出信号的幅度与 $\cos\varphi$ 成正比。当 $\varphi=0$ 时，低频输出信号幅度最大。相位差 φ 越大，输出信号幅度越小。故要求同步检波器中输入信号与本地载波信号角频率相等，同时也要求相位相同。

同样，若输入信号是 SSB 信号，设此时满足输入信号与本地载波信号角频率、相位都相同，则

$$v_1 = V_{1m}\cos(\omega_1+\Omega)t \qquad (6-49)$$

则乘法器输出为

$$v_2 = Av_1v_0 = AV_{1m}V_0\cos(\omega_1+\Omega)t\cos\omega_0 t$$

$$= \frac{1}{2}AV_{1m}V_0\cos\Omega t + \frac{1}{2}AV_{1m}V_0\cos(2\omega_1+\Omega)t \qquad (6-50)$$

经低通滤波器后也可获得频率为 Ω 的低频信号。

由以上分析可见，如何产生一个与载波信号完全同频、同相的同步信号是极为重要的。对于双边带调幅波，同步信号可直接从输入的双边带调幅波中提取，即将双边带调幅波取平方：$v_1^2 = (V_{1m}\cos\Omega t)^2\cos\omega_1^2 t$，从中取出角频率为 $2\omega_1$ 的分量，经二分频器将它变换成角频率为 ω_1 的同步信号。对于单边带调幅波，同步信号无法从中提取出来。为了产生同步信号，往往在发送端发送单边带调幅信号的同时，附带发送一个功率远低于边带信号功率的载波信号，称为导频信号，接收端收到导频信号后，经放大就可以作为同步信号。也可用导频信号控制接收端载波振荡器，使之输出的同步信号与发送端载波信号同步。如发送端不发送导频信号，那么，发送端和接收端均采用频率稳定度很高的石英晶体振荡器或频率合成器，以使两者的频率稳定不变，显然在这种情况下，要使两者严格同步是不可能的，但只要同步信号与发送端载波信号的频率在容许范围之内还是可用的。

乘积型检波器中的乘法器要由非线性器件来实现。前面在低电平调幅中所涉及的电路，即二极管桥式调制器电路（见图 6-11）和二极管环形调制器电路（见图 6-12）都可作为同步检波器电路，只是将调制电路中的音频信号输入改为双边带或单边带信号输入即可。也可以直接用模拟相乘器来实现，如图 6-22 所示为采用 MC1596 双差分对集成模拟相乘器构成的同步检波器电路。图中，调幅信号 $v_i(t)$ 通过 $0.1\ \mu F$ 耦合电容加到 1 脚，其有效值在几毫伏至 $100\ mV$ 范围内都能不失真解调，同步信号 $v_0(t)$ 通过 $0.1\ \mu F$ 耦合电容加到 8 脚，电平大小只要能使双差分对管工作于开关状态即可（$50\sim500\ mV$）。检波输出信号从 9 脚输出，经过 π 形低通滤波器（由两个 $0.005\ \mu F$ 电容和一个 $1\ k\Omega$ 电阻组成），滤除高频分量，最后由 $1\ \mu F$ 的隔直电容去除直流后，即可获得所需的低频输出信号 $v_\Omega(t)$。

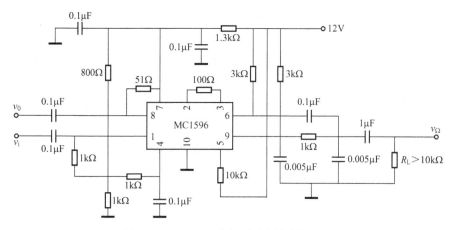

图 6-22 MC1596 乘积型同步检波器电路

6.5 混频电路

6.5.1 混频的基本原理

在无线电技术中，混频器广泛应用于无线电广播、电视、通信接收机及各种仪器设备中，利用混频器可将一个已调的高频信号变成另一个较低频率的同类已调信号。

所谓混频就是将本地载波信号和高频已调波信号同时加到非线性器件进行频率变换，然后通过中频滤波器取出中频（差频或和频）分量，从而得到中频调幅波信号。在混频过程中，信号的振幅包络形状及其频谱内部结构保持不变，只改变信号的载频，具有这种功能的电路称为混频器。下面以调幅信号为例来说明混频器进行频率变换时的波形和频谱变化，如图 6-23 所示，这里 v_s 为输入高频调幅波，v_i 为混频后的中频调幅波。

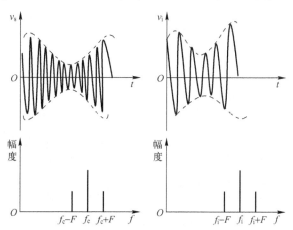

图 6-23 调幅波混频时的波形和频谱变化

由图 6-23 可见，经过混频后，输出的中频调幅波与输入的高频调幅波的包络形状完全相同，只有载波频率由高频变为中频。从频谱来看，混频的过程是把已调波的频谱不失真地从高频位置变换到中频位置，而频谱内部结构没有任何变化，故混频器也是一种频谱线性变换电路。

图 6-24 为混频器电路框图。它由非线性器件和带通滤波器组成。当输入信号为某一高频信号时，它与本振等幅信号进行混频，输出则为两者的差频或和频信号，从而实现频率变换。如果混频器和本地振荡器共用一个器件，即非线性器件既产生本振信号又实现频率变换，则称之为变频器。

混频器的主要性能指标有混频器增益、选择性、噪声系数等。

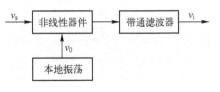

图 6-24　混频器电路框图

（1）混频器增益

混频器增益有电压增益和功率增益两种。混频器电压增益是指输出中频电压振幅 V_{im} 与输入高频电压振幅 V_{sm} 之比，即

$$A_{vc} = \frac{V_{im}}{V_{sm}} \tag{6-51}$$

混频功率增益是指输出中频信号功率 P_i 与输入高频信号功率 P_s 之比，即

$$A_{pc} = \frac{P_i}{P_s} \tag{6-52}$$

（2）选择性

混频器在混频过程中除产生有用的中频信号外，还会产生许多无用频率分量，因此需要采用滤波器去除无用频率分量。因此，混频器的选择性是指中频输出带通滤波器的选择性。为了使混频器能抑制各种干扰频率，要求中频输出回路选择性良好，故尽可能采用品质因数 Q 高的选频网络或滤波器。

（3）噪声系数

噪声系数定义为输入端载频信号噪声功率比和输出端中频信号噪声功率比的比值。由于变频器位于接收机的前端，它产生的噪声对整机影响最大，故要求变频器本身噪声系数越小越好。这就要求混频器电路中要选择好器件与工作点电流。

6.5.2　晶体管混频电路和双差分对混频器

晶体管混频器是根据 i_C 和 V_{BE} 的非线性特性来进行频率变换的。由于晶体管混频器具有电路简单、变频增益高的特点，因此在中、短波接收机及一些测量仪器中广泛应用。

晶体管混频器按本振信号注入方式的不同，可分为四种基本电路。如图 6-25a、b 是共发射极混频电路，图 6-25c、d 是共基极混频电路。共发射极电路多用于频率较低的情况。图 6-25a 中信号电压与本振电压都由基极注入；图 6-25b 中信号电压由基极注入，本振电压由发射极注入；图 6-25c 中信号电压与本振电压都由发射极注入，图 6-25d 中信号电压由发射极注入，本振电压由基极注入。图 6-25b 中信号与本振相互影响小，但本振需要功率大，不过通常所需功率只要几十毫瓦，本振电路可以供给，故这种电路应用较多。共基极电路多用于频率较高的情况，当工作频率不高时，混频增益比发射极电路低。图 6-25d 比图 6-25c 相互影响大。

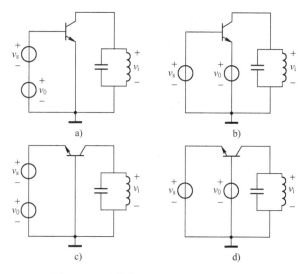

图 6-25 晶体管混频器的四种基本形式

图 6-26 所示为采用 MC1596 双差分对集成模拟相乘器构成的混频器电路原理图。图中本振信号由第 8 脚注入，其振幅小于 15 mV，混频后信号由第 6 脚单端输出，经输出端外接的 $LC-\pi$ 形带通滤波器滤波后，取出所需的中频信号。该电路输入高频信号为 200 MHz，本振信号为 209 MHz，输出差频即中频信号为 9 MHz。

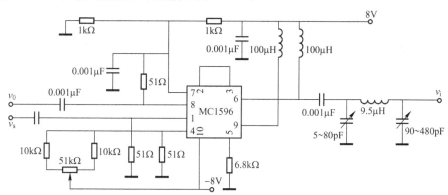

图 6-26 MC1596 组成的混频电路原理图

6.5.3 二极管混频电路

二极管混频器电路主要包括二极管平衡混频器电路和二极管环形混频器电路。它们类似前面讨论的低电平调幅电路和乘积型检波器电路，都需要通过非线性器件来实现乘法器的功能，从而实现输入信号频谱的线性变换。

图 6-27a 为二极管平衡混频器电路原理图，图 b 为它的等效电路。由图可以看出，它和图 6-10 所示的二极管平衡调幅器电路基本相同，只是输入信号由 v_Ω、v_1 换成了高频调幅波信号 v_s 和本振信号 v_0。混频输出 v_i' 为

$$v_i' = (i_1 - i_2)R = 2R(b_1 v_s + 2b_2 v_s v_0 + \cdots)$$
$$= 2R\{b_1 V_{sm}\cos\omega_s t + b_2 V_{sm}V_{0m}[\cos(\omega_0 + \omega_s)t + [\cos(\omega_0 - \omega_s)t] + \cdots\} \tag{6-53}$$

当输出端连接带通滤波器（中心频率为$f_i=f_0-f_s$）时，可得输出中频信号电压为

$$v_i = 2Rb_2 V_{sm} V_{0m} \cos(\omega_0 - \omega_s)t \qquad (6\text{-}54)$$

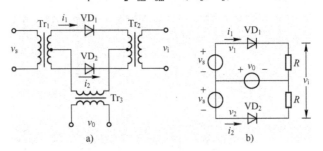

图 6-27　二极管平衡混频器电路

a）电路原理图　b）等效电路图

　　为了进一步抑制二极管混频器的一些无用频率
分量，可采用应用比较广泛的环形混频器，如
图 6-28 所示。本振电压从输入、输出变压器 Tr_1、
Tr_2 中心抽头加入，四个二极管均按开关状态工作。

　　考虑到是小信号混频，即高频输入信号幅度
很小，而本振电压的幅度较大，故在本振电压的
作用下，二极管相当于一个受本振电压控制的开
关，此时可以引用 6.3.1 节的结论。

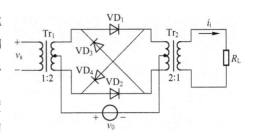

图 6-28　环形混频器电路

　　本振电压在正半周期时可用开关函数的形式来表示二极管的特性：

$$S(t) = \begin{cases} 1 & \cos\omega_0 t \geqslant 0 \\ 0 & \cos\omega_0 t < 0 \end{cases} \qquad (6\text{-}55)$$

其傅里叶级数为

$$S(t) = \frac{1}{2} + \frac{2}{\pi}\cos\omega_0 t - \frac{2}{3\pi}\cos3\omega_0 t + \cdots \qquad (6\text{-}56)$$

　　当本振电压处于正半周时，二极管 VD_1、VD_2 导通，VD_3、VD_4 截止。输入信号经变压
器 Tr_1、Tr_2 传送到负载 R_L 上，此时等效电路如图 6-29a 所示，各电流、电压的极性已标于图
中。二极管 VD_1、VD_2 上电压分别为

$$v_1 = v_0 + v_s$$
$$v_2 = v_0 - v_s$$

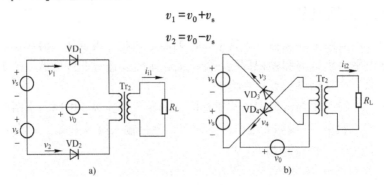

图 6-29　环形混频器等效电路

a）在本振电压正半周期的环形混频器　b）在本振电压负半周期的环形混频器

118

流过二极管的电流分别为

$$i_1 = gv_1 S_1(t)$$
$$i_2 = gv_2 S_1(t)$$

式中，$g = 1/R_L$，$S(t)$ 表示 v_0 为正半周期的开关函数。负载电流为

$$i_{L1} = i_1 - i_2 = 2gv_s S_1(t) \tag{6-57}$$

当本振电压处于负半周时，二极管 VD_1、VD_2 截止，VD_3、VD_4 导通，等效电路如图 6-29b 所示。此时，二极管 VD_3、VD_4 上的电压及流过二极管的电流分别为

$$v_3 = v_0 - v_s$$
$$v_4 = v_0 + v_s$$
$$i_3 = gv_3 S_2(t)$$
$$i_4 = gv_4 S_2(t)$$

负载电流为

$$i_{L2} = i_3 - i_4 = -2gv_s S_2(t) \tag{6-58}$$

式中，$S_2(t)$ 表示 v_0 为负半周期的开关函数。$S_1(t)$ 与 $S_2(t)$ 波形完全相同，只是 $S_2(t)$ 比 $S_1(t)$ 相差半个周期，相位相差 180°。因此，$S_2(t)$ 的傅里叶级数为

$$S_2(t) = S_1\left(t + \frac{T}{2}\right) = \frac{1}{2} + \frac{2}{\pi}(\cos\omega_0 t + \pi) - \frac{2}{3\pi}\cos(3\omega_0 t + \pi) + \cdots$$
$$= \frac{1}{2} - \frac{2}{\pi}\cos\omega_0 t + \frac{2}{3\pi}\cos 3\omega_0 t - \cdots \tag{6-59}$$

在 v_0 的一周内，负载 R_L 上所得的电流为

$$i_L = i_{L1} + i_{L2} = 2gv_s[S_1(t) - S_2(t)]$$
$$= 2gv_s\left(\frac{4}{\pi}\cos\omega_0 t - \frac{4}{3\pi}\cos 3\omega_0 t + \cdots\right) \tag{6-60}$$

将 $v_s = V_{sm}\cos\omega_s t$ 代入上式，并利用三角函数关系展开，可得

$$i_L = \frac{4}{\pi}gV_{sm}[\cos(\omega_0 - \omega_s)t + \cos(\omega_0 + \omega_s)t] +$$
$$\frac{4}{3\pi}[\cos(3\omega_0 - \omega_s)t + \cos(3\omega_0 + \omega_s)t] + \cdots \tag{6-61}$$

由式 (6-61) 可见环形混频器负载电流所含干扰频率成分大大减少。其中，中频电流为

$$i_I = \frac{4}{\pi}gV_{sm}\cos(\omega_0 - \omega_s)t \quad \text{或} \quad i_I = \frac{4}{\pi}gV_{sm}\cos(\omega_0 + \omega_s)t$$

设输入高频调幅波信号

$$v_s = V_{sm}\cos(1 + m_a\cos\Omega t)\cos\omega_s t$$

则

$$i_I = 4gV_{sm}(1 + m_a\cos\Omega t)\cos(\omega_0 - \omega_s)t = I_{Im}\cos\omega_I t \tag{6-62}$$

式中，$I_{Im} = 4gV_{sm}$ 为中频电流幅度。通过一个带通滤波器即可获得中频信号。

6.6 Multisim 仿真实例

1. 高电平调幅电路仿真

普通调幅电路可分为高电平调幅电路和低电平调幅电路。高电平调幅电路可直接产生满

足发射机输出功率要求的调幅波，而低电平调幅电路产生的调幅波需经过线性功率放大器放大后才能达到发射机输出功率的要求。因此，本节主要对高电平调幅电路进行仿真。

（1）集电极调幅电路仿真

图 6-30 是一个高电平集电极调幅电路，其中，V1 是载波信号，V2 是调幅信号，V3 是集电极电源，V4 是基极偏置电压。

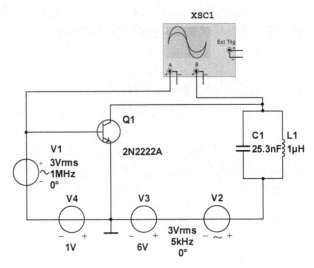

图 6-30　高电平集电极调幅电路

示波器的 A 端接在功率放大器的输入端，示波器的 B 端接在功率放大器的输出端，仿真后，示波器显示输入、输出电压波形，如图 6-31 所示。

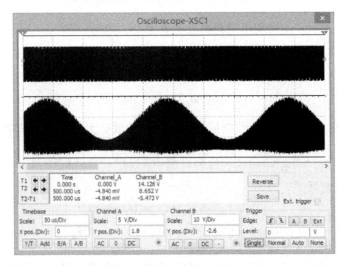

图 6-31　输入、输出电压波形

（2）基极调幅电路仿真

图 6-32 是一个高电平基极调幅电路，其中，V1 是调幅信号，V2 是载波信号，V3 是集电极电源，V4 是基极偏置电压。

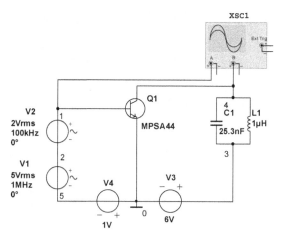

图 6-32　高电平基极调幅电路

示波器的 A 端接在功率放大器的输入端，示波器的 B 端接在功率放大器的输出端，仿真后示波器显示输入、输出电压波形，如图 6-33 所示。

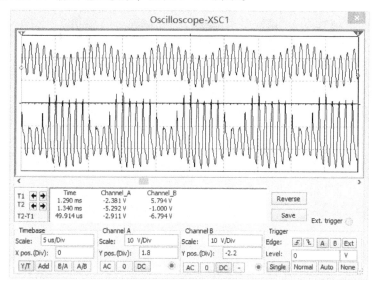

图 6-33　输入、输出电压波形

2. 调幅波检波电路仿真

（1）小信号平方律检波电路仿真

图 6-34 是一个小信号平方律检波电路，其中，V1 是普通调幅波信号；V2 是二极管偏置电压。示波器的 A 端接在小信号平方律检波电路的输入端，示波器的 B 端接在其输出端。仿真后，示波器显示小信号平方律检波电路的输入、输出电压波形如图 6-35 所示，此电路完成了对普通调幅波的检波。

（2）晶体管检波电路仿真

图 6-36 是一个晶体管检波电路，其中，V1 是普通调幅波信号；V2 是晶体管偏置电压；V3 是集电极电压。示波器的 A 端接在晶体管检波电路的输入端，B 端接在其输出端。其中晶体管用的是一个虚拟器件。

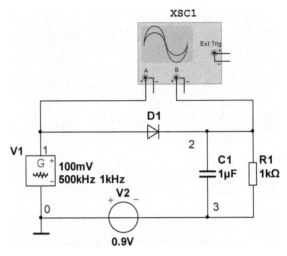

图 6-34　小信号平方律检波电路

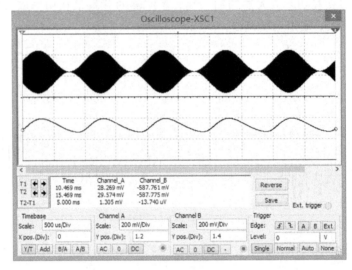

图 6-35　小信号平方律检波电路的输入、输出电压波形

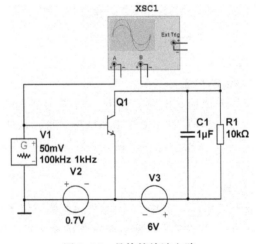

图 6-36　晶体管检波电路

仿真后，示波器显示晶体管检波电路的输入、输出电压波形，如图 6-37 所示，此电路完成了对普通调幅波的检波。

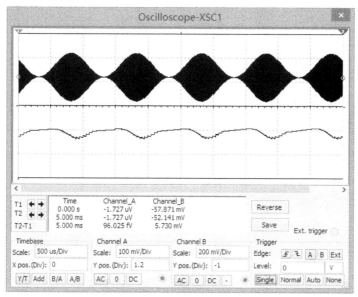

图 6-37　晶体管检波电路的输入、输出电压波形

（3）大信号峰值包络检波电路仿真

大信号峰值包络检波电路如图 6-38 所示。V1 是一个普通调幅波信号。其中检波器的负载用的是一个可变电阻。双踪示波器的 A 通道接检波器的输入端，B 通道接检波器的输出端。图 6-38 所示的电路中的可变电阻为 $20k\Omega \times 95\% = 19\ k\Omega$。

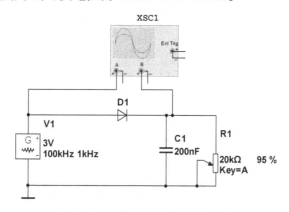

图 6-38　大信号峰值包络检波电路

（4）惯性失真和负峰切割失真仿真分析

将图 6-38 所示电路中的电位器调整到 60% 时，即检波器的输出电阻为 $20k\Omega \times 60\% = 12k\Omega$ 时，可得电路如图 6-40 所示。

仿真后，示波器显示大信号峰值包络检波电路的输入、输出电压波形，如图 6-41 所示。其中，示波器中的上图是检波器输出的检波电压波形，下图是检波器输入的电压波形。可以看到此检波电路产生了惯性失真，就是因为输出电阻太小，满足了产生惯性失真的条

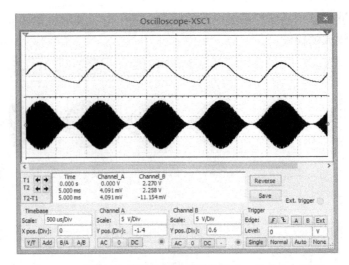

图 6-39　大信号峰值包络检波电路的输入、输出电压波形

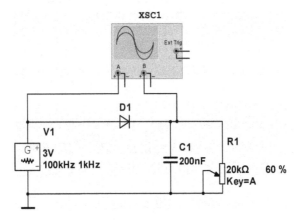

图 6-40　产生惰性失真电路

件，在实际电路设计中应该避免这种情况的发生。

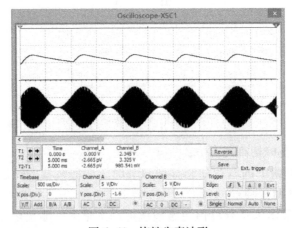

图 6-41　惰性失真波形

负峰切割失真的仿真分析电路如图 6-42 所示。V1 是一个普通调幅波信号。其中检波器的下一级负载用的是一个可变电阻,双踪示波器的 A 通道接检波器的输入端,B 通道接检波器的交流负载输出端。将图 6-42 所示电路中的可变电阻的电位器调整到 10% 时,即检波器的输出电阻为 $5\text{k}\Omega \times 10\% = 500\Omega$。

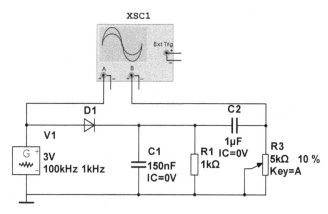

图 6-42 产生负峰切割失真电路

仿真后,示波器显示大信号峰值包络检波电路的输入、输出电压波形,如图 6-43 所示。其中,示波器中的上图是检波器输出的检波电压波形,下图是检波器输入的电压波形。可以看到此检波电路产生了负峰切割失真,是因为下一级的负载电阻太小,满足了产生负峰切割失真的条件,在实际电路设计中应该避免这种情况的发生。

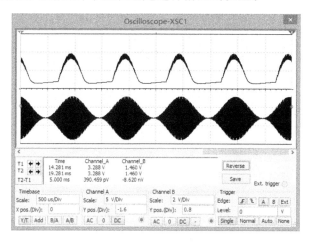

图 6-43 负峰切割失真波形

3. 模拟乘法器混频电路仿真

混频电路广泛应用于通信及其他电子设备中,它是超外差接收机的重要组成部分。在发送设备中可用它来改变载波频率,以改善调制性能。在频率合成器中常用它来实现频率的加减运算,从而得到各种频率。

下面以模拟乘法器混频为例,构建的模拟乘法器混频仿真电路如图 6-44 所示。图中,四踪示波器 A 通道接输入的调幅波信号 V1,B 通道接本振信号 V2,C 通道接乘法器输出端，D 通道接低通滤波器输出信号。

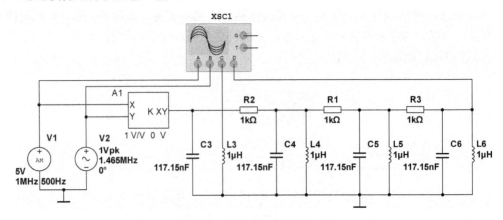

图 6-44 模拟乘法器混频电路

仿真后示波器显示的波形如图 6-45 所示。显示通道从上到下显示波形的顺序是：A 通道测量调幅波信号 V1；B 通道测量本振信号 V2；C 通道测量乘法器输出信号；D 通道测量低通滤波器输出信号。由图 6-45 的仿真结果可以看到，此电路也很好地实现了混频的作用。

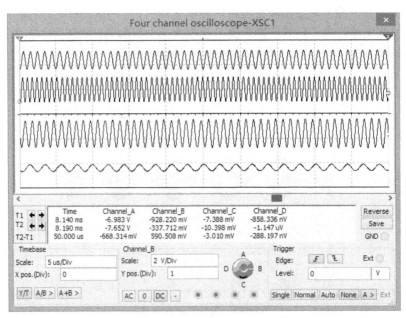

图 6-45 调幅波信号 V1、本振信号 V2、乘法器输出信号、低通滤波器输出信号

习题

1. 为什么信号一定要调制到高频载波上再发送？
2. 有一正弦信号调制的调幅波，方程式为

$$i(t) = I(1 + m_a \cos\Omega t)\cos\omega_c t$$

试求这个电流的有效值，用 I 及 m_a 表示之。

3. 给定如下调幅波表达式，画出波形和频谱。

（1）$(1 + \cos\Omega t)\cos\omega_c t$；

（2）$\left(1 + \dfrac{1}{2}\cos\Omega t\right)\cos\omega_c t$；

（3）$\cos\Omega t\cos\omega_c t$（假设 $\omega_c = 5\Omega$）。

4. 有一调幅方程为

$$v = 20(1 + 0.5\cos2\pi\times3000t - 0.2\cos2\pi\times6000t)\sin2\pi\times10^5 t$$

试求它所包含的各分量的频率和振幅，并求出这个调幅波包络的峰值与谷值幅度。

5. 若非线性元件伏安特性为 $i = b_0 + b_1 v + b_3 v^3$，请问能否用它进行变频、调幅和振幅检波？为什么？

6. 已知某两个已调波电压，其表达式分别为：

$$v_1(t) = 2\cos100\pi t + 0.1\cos90\pi t + 0.1\cos110\pi t(\text{V})；$$
$$v_2(t) = 0.1\cos90\pi t + 0.1\cos110\pi t(\text{V})；$$

试确定：（1）$v_1(t)$、$v_2(t)$ 各为何种已调波？写出它们的标准型数学表达式；

（2）计算在单位电阻上消耗的总边带功率、总功率以及频带宽度。

7. 有一调幅波，载波功率为 100W。试求当 $m_a = 1$ 与 $m_a = 0.3$ 时的总功率和每一边频的功率。

8. 某发射机发射 9kW 的未调制载波功率。当载波被频率 Ω_1 调幅时，发射功率为 10.125 kW，试计算调制度 m_1。如果再加上另一个频率为 Ω_2 的正弦波对它进行 40% 调幅后再发射，试求这两个正弦波同时调幅时的总发射功率。

9. 一个调幅发射机的载波输出功率 $P_{\text{OT}} = 5\text{W}$，$m_a = 0.7$，被调级平均效率为 50%。求：（1）此调幅波的边频功率；（2）当电路为集电极调幅时，直流电源供给被调级的功率；（3）电路为基极调幅时，直流电源供给被调级的功率。

10. 若调制信号为 $v_\Omega(t) = V_{\Omega m}\cos\Omega t$，载波为 $v_0(t) = V_{0m}\cos\omega_0 t$。试画出叠加波、调幅波和抑制载波的双边带调幅波波形。

11. 为什么调幅指数 m_a 不能大于 1？分别画出基极调幅和集电极调幅电路在 $m_a > 1$ 时发生过调失真的波形图。

12. 已知某普通调幅波的载频为 640 kHz，载波功率为 500 kW，调制信号频率允许范围为 20Hz~4kHz。试求：（1）该调幅波占据的频带宽度；（2）该调幅波的调幅指数平均值为 $m_a = 0.3$ 和最大值 $m_a = 1$ 时的平均功率。

13. 简述大信号二极管包络检波器工作原理及其惰性失真和负峰切割失真产生的原因，写出不产生这两种失真的条件。

14. 二极管包络检波电路如图 6-46 所示，已知调制信号频率 $f = 300 \sim 4500\,\text{Hz}$，载波频率 $f_c = 5\,\text{MHz}$，最大调幅系数 $m_{\text{amax}} = 0.8$，要求电路不产生惰性失真和负峰切割失真，试确定 C 和 R_L 的值。

15. 电路如图 6-47 所示，设二极管 VD$_1$ 和 VD$_2$ 特性相同，均为 $i = kv^2$，其中 k 为常数，v_1、v_2 已知。试求输出电压 v_o 的表示式。

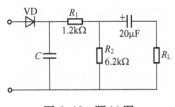

图 6-46　题 14 图

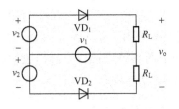

图 6-47　题 15 图

16. 若非线性元件伏安特性为 $i=kv^2$，其中 k 为常数。所加电压为 $v=V_0+V_m\cos\omega_0t$。其中 V_0 为直流电压。（1）分析如何选取 V_0 和 V_m 才能使该非线性元件更能近似当成线性元件来处理？（2）此元件能否用于变频？说明理由。

17. 如图 6-48 所示的包络检波器的二极管若反接还能否实现检波？若不能，说明理由；若能，说明 r 两端的输出电压波形与二极管正接时的波形有何不同。

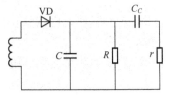

图 6-48　题 17 图

18. 在大信号基极调幅电路中，当调整到 $m_a=1$ 后，再改变 R_L，试说明输出波形的变化趋势如何（按 R_L 的变大和变小两种情况分析）？并说明原因。

19. 当非线性器件分别为以下伏安特性时，能否用它实现调幅与检波？

（1）$i=a_1\Delta v+a_3\Delta v^3+a_5\Delta v^5$

（2）$i=a_0+a_2\Delta v^2+a_4\Delta v^4$

20. 说明为什么小信号检波称为平方律检波，并证明二次谐波失真系数等于 $\dfrac{m_a}{4}$。

21. 为什么检波电路中一定要有非线性元件？如果将大信号检波电路中的二极管反接是否能起检波作用？其输出电压波形与二极管正接时有什么不同？试绘图说明之。

22. 在大信号检波电路中，若加大调制频率 Ω，将会产生什么失真？为什么？

23. 大信号二极管检波电路如图 6-49 所示。若给定 $R=10\,\text{k}\Omega$，$m_a=0.3$：

（1）载频 $f_0=456\,\text{kHz}$，调制信号最高频率 $F=340\,\text{Hz}$，问电容 C 应如何选取？检波器输入阻抗大约是多少？

（2）若 $f_0=30\,\text{MHz}$，$F=0.3\,\text{MHz}$，C 应选多少？检波器输入阻抗大约是多少？

24. 图 6-50 所示电路中，$R_1=4.7\,\text{k}\Omega$，$R_2=15\,\text{k}\Omega$，输入信号电压 $v_i=1.2\,\text{V}$，检波效率设为 0.9。求输出电压最大值并估算检波器输入电阻 R_{in}。

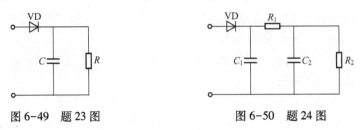

图 6-49　题 23 图　　　　　图 6-50　题 24 图

25. 大信号二极管检波电路的负载电阻 $R_L=200\,\text{k}\Omega$，负载电容 $C=100\,\text{pF}$。设 $F_{max}=6\,\text{kHz}$，为避免对角线失真，最大调制指数应为多少？

26. 调幅信号的解调有哪几种？各自适用什么调幅信号？

27. 检波电路如图 6-51 所示。已知

$$v_i(t) = 5\cos2\pi\times465\times10^3t + 4\cos2\pi\times10^3t\cos2\pi\times465\times10^3t$$

二极管内阻 $r_D = 100\,\Omega$，$C = 0.01\,\mu F$，$C_1 = 47\,\mu F$。在保证不失真的情况下，试求：

（1）检波器直流负载电阻的最大值；

（2）下级输入电阻的最小值。

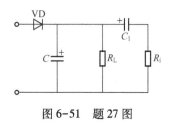

图 6-51　题 27 图

28. 为什么进行变频？变频有何作用？

29. 变频作用如何产生？为什么要用非线性元件才能产生变频作用？变频与检波有何相同点与不同点？

30. 混频和单边带调幅有何不同？

31. 变频器与混频器有什么异同点？各有哪些优缺点？

32. 对变频器有什么要求？其中哪几项是主要质量指标？

33. 在超外差收音机中，一般本振频率 f_L 比信号频率 f_S 高 465 Hz。试问，如果本振频率 f_L 比 f_S 低 465 Hz，收音机能否接收？为什么？

34. 为什么超外差收音机的本振回路又串电容又并电容？

35. 混频器有哪些干扰？如何抑制？

36. 混频器中晶体管在静态工作点上展开的转移特性由下列幂级数表示：$i_c = I_o + av_{be} + bv_{be}^2 + cv_{be}^3 + dv_{be}^4$。已知混频器的本振频率为 $f_L = 23\,MHz$，中频频率为 $f_1 = f_L - f_S = 3\,MHz$。若在混频器输入端同时作用 $f_{M1} = 19.6\,MHz$ 和 $f_{M2} = 19.2\,MHz$ 的干扰信号，试问在混频器输出端是否会有中频信号输出？它是通过转移特性的几次方项产生的？

第7章　角度调制与解调

7.1　概述

角度调制是用调制信号控制高频载波的瞬时频率或瞬时相位而实现的调制，分别称为调频（Frequency Modulation，FM）和调相（Phase Modulation，PM）。调频是用调制信号控制载波振荡频率，使载波的瞬时频率随调制信号线性变化；调相则是用调制信号控制载波的相位，使载波的瞬时相位随调制信号线性变化。在这两种调制过程中，载波信号的幅度都保持不变，频率的变化和相位的变化都表现为相角的变化，因此，把调频和调相统称为角度调制或调角。

在前面讨论的振幅调幅系统中，调制的过程实现了频谱的线性变换，所以把调幅称为线性调制。在本章角度调制中，已调波的频谱结构不再保持原调制信号的频谱结构形式，不再是将低频调制信号进行线性变换的过程，而是产生了频谱的非线性变换，因此，称为非线性调制或非线性频谱变换。

调频和调相是紧密联系的，当频率变化时，相位也会发生变化，反之亦然。调频波和调相波是指载波振幅不变瞬时相角 $\theta(t)$ 受到调制的已调波，其表达式如下：

$$v(t) = V_{\mathrm{m}}\cos\theta(t) \tag{7-1}$$

当对其未进行调制时，$v(t)$ 就是载波信号，其角频率 ω_0 和初相角 θ_0 都是常数，可表示为

$$v(t) = V_{\mathrm{m}}\cos(\omega_0 t + \theta_0) = V_{\mathrm{m}}\cos\theta(t) \tag{7-2}$$

由式（7-1）、式（7-2）可知，高频振荡电压在未调制时瞬时相角为

$$\theta(t) = \omega_0 t + \theta_0 \tag{7-3}$$

在进行角度调制时，不论调频还是调相，这时 $\theta(t)$ 是时间 t 的函数，它同角频率的关系是

$$\omega(t) = \frac{\theta(t)}{\mathrm{d}t} \tag{7-4}$$

或

$$\theta(t) = \int_0^t \omega(\tau)\mathrm{d}\tau + \theta_0 \tag{7-5}$$

以上两式就是角度调制中瞬时角频率与瞬时相角之间的基本关系式。即瞬时角频率 $\omega(t)$ 等于瞬时相角 $\theta(t)$ 对时间 t 的微分；而瞬时相角 $\theta(t)$ 是瞬时角频率 $\omega(t)$ 对时间 t 的积分和初相角 θ_0 之和。

7.2　调角波的性质

7.2.1　调频波与调相波的数学表达式

设调制信号为 $v_\Omega(t) = V_\Omega\cos\Omega t$，载波信号 $v_0(t) = V_{0\mathrm{m}}\cos(\omega_0 t)$，则调频时，载波的瞬时

频率随调制信号 $v_\Omega(t)$ 成线性变化，即

$$\omega(t)=\omega_0+k_f v_\Omega(t)=\omega_0+\Delta\omega(t) \tag{7-6}$$

式中，ω_0 是未调时载波角频率；k_f 为比例常数，表示单位调制信号所引起的频移，单位是 rad/s，$\Delta\omega(t)=k_f v_\Omega(t)$ 是由调制信号 $v_\Omega(t)$ 引起的角频率偏移，通常称为瞬时频率偏移，简称频偏或频移。显然，$\Delta\omega(t)$ 与 $v_\Omega(t)$ 成正比，$\Delta\omega(t)$ 的最大值称为最大频移，用 $\Delta\omega_f$ 表示，即

$$\Delta\omega_f=k_f\ |v_\Omega(t)|_{\max}=k_f V_\Omega$$

由式（7-6）和式（7-5）可求得调频波的瞬时相位为

$$\theta(t)=\int_0^t\omega(\tau)\mathrm{d}\tau=\int_0^t\left[\omega_0+k_f v_\Omega(\tau)\right]\mathrm{d}\tau$$

$$=\omega_0 t+k_f\int_0^t v_\Omega(\tau)\mathrm{d}\tau \tag{7-7}$$

式中，$k_f\displaystyle\int_0^t v_\Omega(\tau)\mathrm{d}\tau$ 表示调频波的相移，用 $\Delta\theta_f(t)$ 表示，即

$$\Delta\theta_f(t)=k_f\int_0^t v_\Omega(\tau)\mathrm{d}\tau \tag{7-8}$$

$\Delta\theta_f(t)$ 的最大值即调幅波的调制指数，用 m_f 表示。

由式（7-7）可得

$$\theta(t)=\int_0^t\omega(\tau)\mathrm{d}\tau=\omega_0 t+\frac{\Delta\omega}{\Omega}\sin\Omega t \tag{7-9}$$

令

$$m_f=\frac{\Delta\omega}{\Omega}=\frac{k_f V_\Omega}{\Omega} \tag{7-10}$$

则 $\theta(t)=\omega_0 t+m_f\sin\Omega t$。

故调频波的数学表达式为

$$v_{FM}(t)=V_{0m}\cos\theta(t)=V_{0m}\cos(\omega_0 t+m_f\sin\Omega t) \tag{7-11}$$

式中，m_f 为调频波的最大相移，其是最大频移 $\Delta\omega_f$ 与调制信号角频率 Ω 之比，又称为调频指数，通常 m_f 总是大于1。

图 7-1 所示为调频波的波形。在调制电压的正半周，载波振荡频率随调制电压变化而高于载频，到调制电压的正峰值时，已调高频振荡角频率至最大值，为 $\omega_{\max}=\omega_0+\Delta\omega_f$；在调制信号的负半周，载波振荡频率随调制电压变化而低于载频，到调制电压的负峰值处，已调高频振荡角频率至最小值，为 $\omega_{\max}=\omega_0-\Delta\omega_f$。

调相时，载波信号的瞬时相位会随调制信号线性变化，故调相波的瞬时相位可表示为

$$\theta(t)=\omega_0 t+k_p V_\Omega\cos\Omega t \tag{7-12}$$

式中，k_p 为比例常数，单位为 rad/V。

令

$$m_p=k_p\ |v_\Omega(t)|_{\max}=k_p V_\Omega \tag{7-13}$$

则

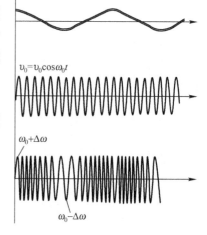

图 7-1 调频波波形

$$\theta(t) = \omega_0 t + m_{\mathrm{p}}\cos\Omega t$$

于是调相波的数学表达式为

$$v_{\mathrm{PM}}(t) = V_{0\mathrm{m}}\cos(\omega_0 t + m_{\mathrm{p}}\cos\Omega t) \tag{7-14}$$

式中，m_{p} 是调相波的最大相移，又称为调相指数。由式（7-12）可求得调相波的瞬时角频率 $\omega(t)$ 为

$$\omega(t) = \frac{\theta(t)}{\mathrm{d}t} = \omega_0 + k_{\mathrm{p}}\frac{\mathrm{d}v_\Omega(t)}{\mathrm{d}t} = \omega_0 - m_{\mathrm{p}}\sin\Omega t \tag{7-15}$$

式中，$k_{\mathrm{p}}\dfrac{\mathrm{d}v_\Omega(t)}{\mathrm{d}t}$ 表示调相波的频移，用 $\Delta\omega_{\mathrm{p}}$ 表示，即

$$\Delta\omega_{\mathrm{p}}(t) = k_{\mathrm{p}}\frac{\mathrm{d}v_\Omega(t)}{\mathrm{d}t} \tag{7-16}$$

将式（7-4）应用于式（7-14），可得调相波的最大频移为

$$\Delta\omega_{\mathrm{p}} = m_{\mathrm{p}}\Omega = k_{\mathrm{p}}V_\Omega\Omega \tag{7-17}$$

m_{p} 和 $\Delta\omega_{\mathrm{p}}$ 都是表征调相波的重要参数。m_{p} 与调制信号的幅度成正比，而与调制信号的频率无关；$\Delta\omega_{\mathrm{p}}$ 与调制信号的幅度和角频率成正比。

从上述分析可知，由于瞬时角频率和瞬时相位之间存在一定的关系，无论是调频还是调相，瞬时角频率和瞬时相位都是时间的函数。对调频波来说，瞬时角频率的变化量与调制信号成线性关系，瞬时相位的变化量与调制信号的积分成线性关系。对调相波来说，瞬时相位的变化量与调制信号成线性关系，而瞬时角频率的变化量则与调制信号的微分成线性关系。这一关系表明，调频和调相可以互相转化。为了便于比较，将以上结果列入表 7-1 中。

表 7-1　调频波和调相波的比较

调制信号 $v_\Omega(t) = V_\Omega\cos\Omega t$		载波信号 $v_0(t) = V_{0\mathrm{m}}\cos(\omega_0 t)$	
	调　频　波		调　相　波
数学表达式	$V_{0\mathrm{m}}\cos\left(\omega_0 t + k_{\mathrm{f}}\displaystyle\int_0^t v_\Omega(\tau)\mathrm{d}\tau\right)$ $= V_{0\mathrm{m}}\cos(\omega_0 t + m_{\mathrm{f}}\sin\Omega t)$		$V_{0\mathrm{m}}\cos(\omega_0 t + k_{\mathrm{p}}v_\Omega)$ $= V_{0\mathrm{m}}\cos(\omega_0 t + m_{\mathrm{p}}\cos\Omega t)$
瞬时频率	$\omega_0 + k_{\mathrm{f}}v_\Omega(t)$		$\omega_0 + k_{\mathrm{p}}\dfrac{\mathrm{d}v_\Omega(t)}{\mathrm{d}t}$
瞬时相位	$\omega_0 t + k_{\mathrm{f}}\displaystyle\int_0^t v_\Omega(\tau)\mathrm{d}\tau$		$\omega_0 t + k_{\mathrm{p}}v_\Omega(t)$
最大频移	$k_{\mathrm{f}}\left|v_\Omega(t)\right|_{\max}$		$k_{\mathrm{p}}\left|\dfrac{\mathrm{d}v_\Omega(t)}{\mathrm{d}t}\right|_{\max}$
最大相移	$k_{\mathrm{f}}\left|\displaystyle\int_0^t v_\Omega(\tau)\mathrm{d}\tau\right|_{\max} = m_{\mathrm{f}}$ 称为调频系数		$k_{\mathrm{p}}\left|v_\Omega(t)\right|_{\max} = m_{\mathrm{p}}$ 称为调相系数

7.2.2　调角信号的频谱和频带宽度

由于调频波和调相波的形式类似，其频谱也类似，下面就分析调频波的频谱。将式（7-11）用三角公式展开，可得

$$v_{\mathrm{FM}}(t) = V_{0\mathrm{m}}\cos(\omega_0 t + m_{\mathrm{f}}\sin\Omega t)$$

$$= V_{0m} \left[\cos\omega_0 t \cos(m_f \sin\Omega t) - \sin\omega_0 t \sin(m_f \sin\Omega t) \right] \qquad (7-18)$$

式中

$$\cos(m_f \sin\Omega t) = J_0(m_f) + 2\sum_{n=1}^{\infty} J_{2n}(m_f)\cos2n\Omega t \qquad (7-19)$$

$$\sin(m_f \sin\Omega t) = 2\sum_{n=0}^{\infty} J_{2n+1}(m_f)\sin(2n+1)\Omega t \qquad (7-20)$$

其中，n 均取正整数，$J_n(m_f)$ 是以 m_f 为参量的 n 阶第一类贝塞尔函数，其数值可以查有关曲线或表，图 7-2 所示是贝塞尔函数与参量 m_f 的关系曲线，表 7-2 所示为调频波载频、边频幅度与 m_f 关系表。

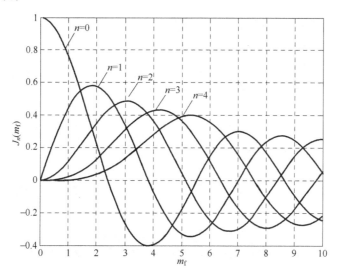

图 7-2　贝塞尔函数与参量 m_f 的关系曲线

表 7-2　载频、边频幅度与 m_f 关系表

m_f	$J_0(m_f)$	$J_1(m_f)$	$J_2(m_f)$	$J_3(m_f)$	$J_4(m_f)$	$J_5(m_f)$	$J_6(m_f)$	$J_7(m_f)$	$J_8(m_f)$	$J_9(m_f)$
0.01	1.00	0.005								
0.20	0.99	0.100								
0.50	0.94	0.24	0.03							
1.00	0.77	0.44	0.11	0.02						
2.00	0.22	0.58	0.35	0.13	0.02					
3.00	0.26	0.34	0.49	0.31	0.13	0.03	0.01			
4.00	0.39	0.06	0.36	0.43	0.28	0.13	0.05	0.01		
5.00	0.18	0.33	0.05	0.36	0.39	0.26	0.13	0.05	0.02	
6.00	0.15	0.28	0.24	0.11	0.36	0.36	0.25	0.13	0.06	0.02

根据贝塞尔函数，将式 (7-19)、式 (7-20) 代入式 (7-18) 可得

$$v_{FM}(t) = J_0(m_f)\cos\omega_0 t \qquad \text{载频}$$
$$+ J_1(m_f)\cos(\omega_0+\Omega)t - J_1(m_f)\cos(\omega_0-\Omega)t \qquad \text{第一对边频}$$
$$+ J_2(m_f)\cos(\omega_0+2\Omega)t + J_2(m_f)\cos(\omega_0-2\Omega)t \qquad \text{第二对边频}$$

$$+J_3(m_f)\cos(\omega_0+3\Omega)t-J_3(m_f)\cos(\omega_0-3\Omega)t \qquad \text{第三对边频}$$
$$+J_4(m_f)\cos(\omega_0+4\Omega)t-J_4(m_f)\cos(\omega_0-4\Omega)t \qquad \text{第四对边频}$$
$$+\cdots \tag{7-21}$$

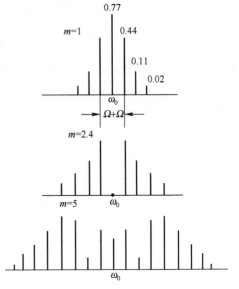

由式（7-21）可见：调频信号的频谱不再是调制信号频谱的线性变换，一个调频波除了载波频率 ω_0 外，还包括无数个上、下边频分量，相邻边频之间的频率间隔仍是 Ω；第 n 条谱线与载频之差为 $n\Omega$；奇数次的上、下边频分量相位相反。每一个频率分量的振幅由对应的各阶贝塞尔函数值决定。由于调频指数 m_f 与调制信号强度有关，m_f 越大，具有较大振幅的边频分量就越多，且有些边频振幅可能超出载频振幅，如图 7-3 所示。由图 7-3 还可以看出，有些 m_f 值对应的载频或某边频振幅为零。

图 7-3　调角波的频谱图

由于调角波振幅不变，当振幅 V_{0m} 一定时，其平均功率也就一定，与调制指数无关，其值等于未调制的载波功率。所以改变 m 仅使载波分量和各边频分量之间的功率重新分配，而总功率不会改变。

调角信号的边频分量是无限多的，即其频谱是无限宽的。实际上，已调信号的能量绝大部分是集中在载波附近的一些边频分量上，从某一边频起，其振幅小到可以忽略。因此，调频波的频带宽度可以认为是有限的。所以通常规定：将振幅小于载波振幅 10% 的边频分量忽略不计，保留下来的频谱分量就可以确定调频波的频带宽度。因此调频波的频谱有效宽度 BW（频带宽度）为

$$BW\approx 2(m_f+1)F \tag{7-22}$$

由于 $m_f=\dfrac{k_f V_\Omega}{\Omega}=\dfrac{\Delta\omega}{\Omega}=\dfrac{\Delta f}{F}$，故式（7-22）也可以写成：

$$BW=2(\Delta f+F) \tag{7-23}$$

这与调制频率相同的调幅波比起来，调角波的频带要宽 $2\Delta f$。通常 $\Delta f>F$，故调角波的频带要比调幅波的频带宽得多。因此，在同样的波段中，能容纳调角信号的数目，要少于调幅信号的数目。因此，调角制只宜用于频率较高的甚高频和超高频段中。

需要注意的是，式（7-22）、式（7-23）只适用于 $m_f>1$ 的情况。也就是宽带调频情况。在窄带调频中，也即当 $m_f<1$ 时，调频波频谱宽度为

$$BW\approx 2F \tag{7-24}$$

例 7-1　调频广播中 $F=15\text{ kHz}$，$m_f=5$，求频偏 Δf 和频谱宽度 BW。

解：调频时 $\Delta\omega_f=m_f\Omega$，即 $\Delta f=m_f F=75\text{ kHz}$。$m_f>1$，属于宽带调频，因此

$BW=2(m_f+1)F=180\text{ kHz}$。

7.2.3 调频波与调相波的关系

1) 调制信号按余弦规律变化时，将式（7-11）和式（7-14）比较可知，两者相位上相差 $\pi/2$。

2) 调频时调制指数 $m_f = \dfrac{\Delta\omega}{\Omega} = \dfrac{k_f V_\Omega}{\Omega}$，其与调制信号振幅成正比，而与调制角频率 Ω 成反比调相时调制指数 $m_p = k_p |v_\Omega(t)|_{\max} = k_p V_\Omega$，它与调制信号的振幅成正比，而与调制频率无关。

3) 调频时，$\Delta\omega_f = k_f |v_\Omega(t)|_{\max} = k_f V_\Omega$，它的最大频偏与调制信号的振幅成正比，而与调制信号频率无关。调相时，因调相波相位变化，必然产生频率变化，此时角频率的瞬时值为

$$\omega(t) = \frac{\theta(t)}{dt} = \omega_0 + k_p \frac{dv_\Omega(t)}{dt} = \omega_0 - m_p \sin\Omega t = \omega_0 - \Delta\omega_p \sin\Omega t \tag{7-25}$$

式中，$\Delta\omega_p = m_p\Omega = k_p V_\Omega\Omega$，$\Delta\omega_p$ 是调相时的最大频偏，它不仅与调制信号的振幅成正比，而且还和调制信号的角频率 Ω 成正比。

由以上分析可知，调相波和调频波的两个基本参数——最大频偏 $\Delta\omega$ 和调制指数 m 随调制信号的振幅 V_Ω 和调制角频率 Ω 的变化规律是很不同的。

7.3 调频方法和调频电路

7.3.1 调频方法与主要性能指标

产生调频信号的电路叫作调频器。产生调频信号的方法很多，通常可分为直接调频和间接调频两大类。直接调频是用调制信号直接控制振荡器振荡回路元件的参量，使振荡器的振荡频率与调制信号成线性规律变化。如图 7-4 所示，在一个由 LC 回路参数决定振荡频率的振荡器中，将一个可变电抗元件接入回路，使可变电抗元件的电抗值随调制电压而变化，适当设计电路参量，可以得到使振荡频率与调制信号成线性关系的结果。这种方法的优点是原理简单，频偏较大，但中心频率不易稳定。

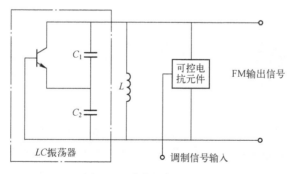

图 7-4 直接调频原理图

由前面的分析可知，间接调频是先将调制信号积分，然后对载波进行调相，从而获得调

频信号，其组成原理框图如图 7-5 所示。由图 7-5 可见，振荡器产生高频载波，再用积分后的调制信号对已放大的载波进行调相，从而间接实现调频。由于调制电路与振荡器是分开的，因而调制对载波振荡器的振荡频率不产生任何影响，这样在选择载波振荡器时，就可以采用高频稳度的振荡器（如石英晶体振荡器），以获得中心频率稳定度很高的调频波。由此可见，间接调频的特点是调制不在振荡器进行，故易于保持中心频率的稳定，但不易获得大的频偏。

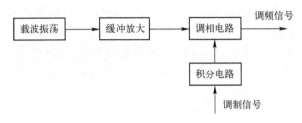

图 7-5　间接调频原理框图

调频电路的主要性能指标有中心频率及其稳定度、最大频偏、非线性失真及调制灵敏度等。

调频信号的中心频率就是载波频率。如果载波频率稳定，接收机就可以正常地接收调频信号；若载波频率不稳，就有可能使调频信号的频谱落到接收机通带范围之外，不能保证正常通信。因此，对于调频电路，不仅要满足一定的频偏要求，而且振荡中心频率必须保持足够高的频率稳定度。

最大频偏是指在正常调制电压作用下，所能产生的最大频率偏移。它是根据对调频指数的要求来确定的。当调制电压幅度一定时，要求其值在调制信号频率范围内保持不变。

调频信号的频率偏移与调制电压的关系，称为调制特性，实际调频电路中调制特性不可能成线性，而会产生非线性失真。但在实际电路中总是要产生一定程度的非线性失真，应尽可能减小这一失真。

调制特性的斜率称为调制灵敏度，调制灵敏度越高，调频信号的控制作用越强，越容易产生大频偏的调频信号。

7.3.2　变容二极管直接调频电路

变容二极管直接调频电路是目前应用最为广泛的调频电路，它是利用变容二极管反偏时所呈现的可变电容特性实现调频作用的。这种电路的优点是工作频率高、固有损耗小等，其最主要缺点是中心频率稳定度低。

1. 基本原理

变容二极管是利用半导体 PN 结的结电容随外加反向电压而变化这一特性，所制成的一种半导体二极管。它是一种电压控制可变电抗元件，其与普通二极管相比，不同之处在于在反向电压作用下的结电容变化较大。其结电容 C_j 与反向偏置电压 v_R 有如下关系：

$$C_j = \frac{C_{j0}}{\left(1 + \dfrac{v_R}{V_D}\right)^{\gamma}} \tag{7-26}$$

式中，V_D 为 PN 结的势垒电压，C_{j0} 是 $v_R=0$ 时的结电容，γ 为电容变化系数，它的数值取决于半导体的掺杂浓度和 PN 结的类型，对于缓变结，$\gamma=1/3$；对于突变结，$\gamma=1/2$；对于超突变结，$\gamma=1\sim4$。γ 是变容二极管的主要参数之一。n 值越大，电容变化量随偏压变化越显著。

图 7-6 所示为变容二极管调频器的原理电路。图中点画线左边是一个正弦波振荡器，右边是变容二极管和它的偏置电路。其中 C_c 是变容管和 L_1C_1 回路之间的隔直耦合电容，C_ϕ 为对调制信号起旁路作用的电容，ZL 为高频扼流圈，但可以让调制信号通过。变容二极管是振荡回路的一个组成部分，加在变容二极管上的反向电压为

$$v_R = V_{CC}-V+v_\Omega(t) = V_0+v_\Omega(t) \quad (7\text{-}27)$$

式中，$V_0 = V_{CC}-V$ 是反向直流偏压；$v_\Omega(t)$ 为调制信号电压。

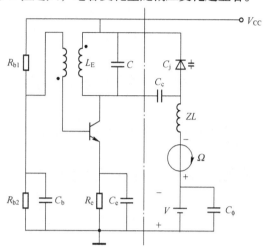

图 7-6　变容二极管调频电路

图 7-7a 是变容二极管的结电容与反向电压 v_R 的关系曲线，由电路可知，加在变容二极管上的反向电压为直流偏压 V_0 和调制电压 $v_\Omega(t)$ 之和，若设调制电压为单音频余弦信号，即 $v_\Omega(t) = V_\Omega\cos\Omega t$，则反向电压为

$$v_R(t) = V_0+V_\Omega\cos\Omega t \quad (7\text{-}28)$$

如图 7-7b 所示。在 $v_R(t)$ 的控制下，结电容将随时间发生变化，如图 7-7c 所示。结电容是振荡器的振荡回路的一部分，结电容随调制信号变化，回路总电容也随调制信号变化，故振荡频率也会随调制信号而变化。只要适当选取变容二极管的特性及工作状态，就可以使振荡频率的变化与调制信号近似成线性关系，从而实现调频。

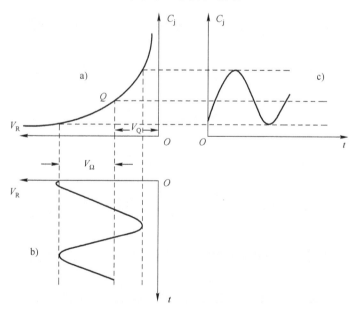

图 7-7　结电容随调制电压变化关系

2. 电路分析

设调制信号为 $v_\Omega(t) = V_\Omega\cos\Omega t$，加在二极管上的反向直流偏压为 V_0，V_0 的取值应保证在未加调制信号时振荡器的振荡频率等于要求的载波频率，同时还应保证在调制信号的变化范围内保持变容二极管在反向电压下工作。加在变容二极管上的控制电压为

$$v_R(t) = V_0 + V_\Omega\cos\Omega t$$

相应的变容二极管结电容变化规律为

$$C_j = \frac{C_{j0}}{\left(1 + \dfrac{v_R}{V_D}\right)^\gamma}$$

当调制信号电压 $v_\Omega(t) = 0$ 时，即为载波状态。此时 $v_R(t) = V_0$，对应的变容二极管结电容为 C_{jQ}

$$C_{jQ} = \frac{C_{j0}}{\left(1 + \dfrac{V_0}{V_D}\right)^\gamma} \tag{7-29}$$

当调制信号电压 $v_\Omega(t) = V_\Omega\cos\Omega t$ 时，对应的变容二极管的结电容与载波状态时变容二极管的结电容的关系是

$$C_j = \frac{C_{j0}}{\left[1 + \dfrac{V_0 + V_\Omega\cos\Omega t}{V_D}\right]^\gamma} = \frac{C_{j0}}{\left[\dfrac{V_D + V_0}{V_D}\left(1 + \dfrac{V_\Omega\cos\Omega t}{V_D + V_0}\right)\right]^\gamma}$$

代入式（7-29），并令 $m = V_\Omega/(V_D + V_0)$ 为电容调制度，则可得

$$C_j = \frac{C_{jQ}}{\left[1 + m\cos\Omega t\right]^\gamma} \tag{7-30}$$

式（7-30）表示的是变容二极管的结电容与调制电压的关系。而变容二极管调频器的瞬时频率与调制电压的关系由振荡回路决定。从图 7-6 可得出振荡器的振荡回路的等效电路，如图 7-8a 所示。

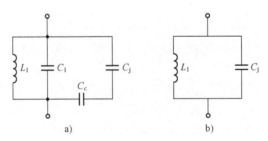

a)   b)

图 7-8　振荡回路的等效电路

3. 变容二极管作为振荡回路的总电容

设 C_1 未接入，C_c 较大，即回路的总电容仅是变容二极管的结电容，其等效回路如图 7-8b 所示。并认为加在变容二极管上的高频电压很小，可忽略其对变容二极管电容量变化的影响，则瞬时振荡角频率为

$$\omega(t) = \frac{1}{\sqrt{L_1 C_j}} \tag{7-31}$$

因为未加调制信号时的载波频率 $\omega_0 = \dfrac{1}{\sqrt{L_1 C_{jQ}}}$，故

$$\omega(t) = \frac{1}{\sqrt{L_1 C_{jQ} \dfrac{1}{(1+m\cos\Omega t)^\gamma}}} = \omega_0 (1+m\cos\Omega t)^{\frac{\gamma}{2}}$$

$$= \omega_0 \left(1 + \frac{V_\Omega}{V_D + V_0}\cos\Omega t\right)^{\frac{\gamma}{2}} = \omega_0 \left[1 + \frac{v_\Omega(t)}{V_D + V_0}\right]^{\frac{\gamma}{2}} \tag{7-32}$$

根据调频的要求，当变容二极管的结电容作为回路总电容时，实现线性调频的条件是变容二极管的电容变化系数 $\gamma = 2$。若变容二极管的电容变化系数 γ 不等于 2，会产生什么样的结果呢？下面以单频调制为例进行分析说明。

设调制信号 $v_\Omega(t) = V_\Omega \cos\Omega t$，则

$$\omega(t) = \omega_0 (1+m\cos\Omega t)^{\frac{\gamma}{2}}$$

对于 $(1+m\cos\Omega t)^{\frac{\gamma}{2}}$，可以在 $m\cos\Omega t = 0$ 处展开成为泰勒级数，得

$$(1+m\cos\Omega t)^{\frac{\gamma}{2}} = 1 + \frac{\gamma}{2}m\cos\Omega t + \frac{\dfrac{\gamma}{2}\left(\dfrac{\gamma}{2}-1\right)}{2!}m^2\cos^2\Omega t$$

$$+ \frac{\dfrac{\gamma}{2}\left(\dfrac{\gamma}{2}-1\right)\left(\dfrac{\gamma}{2}-2\right)}{3!}(m\cos\Omega t)3 + \cdots \tag{7-33}$$

通常 $m < 1$，上述级数是收敛的。因此，可以忽略三次方项以上的各项，则

$$\omega(t) = \omega_0 \left[1 + \frac{\gamma}{2}m\cos\Omega t + \frac{\dfrac{\gamma}{2}\left(\dfrac{\gamma}{2}-1\right)}{2!}m^2\cos^2\Omega t\right]$$

$$= \omega_0 \left[1 + \frac{\gamma}{2}m\cos\Omega t + \frac{\gamma^2}{8}m^2\cos^2\Omega t - \frac{\gamma}{4}m^2\cos^2\Omega t\right]$$

$$= \omega_0 \left[1 + \frac{\gamma}{8}\left(\frac{\gamma}{2}-1\right)m^2 + \frac{\gamma}{2}m\cos\Omega t + \frac{\gamma}{8}\left(\frac{\gamma}{2}-1\right)m^2\cos2\Omega t\right]$$

从上式可知，对于变容二极管调频器，若使用的变容二极管的变容系数 $\gamma \neq 2$，则输出调频波会产生非线性失真和中心频率偏移。

（1）调频波的最大角频率偏移

$$\Delta\omega = \frac{\gamma}{2}m\omega_0 \tag{7-34}$$

（2）调频波会产生二次谐波失真，其二次谐波失真的最大角频率偏移

$$\Delta\omega_2 = \frac{\gamma}{8}\left(\frac{\gamma}{2}-1\right)m^2\omega_0 \tag{7-35}$$

调频波的二次谐波失真系数为

$$k_{f2} = \left| \frac{\Delta\omega_2}{\Delta\omega} \right| = \left| \frac{m}{4}\left(\frac{\gamma}{2}-1\right) \right| \tag{7-36}$$

（3）调频波会产生中心频率偏移，其偏离值为

$$\Delta\omega_0 = \frac{\gamma}{8}\left(\frac{\gamma}{2}-1\right)m^2\omega_0 \tag{7-37}$$

中心角频率的相对偏离值为

$$\frac{\Delta\omega_0}{\omega_0} = \frac{\gamma}{8}\left(\frac{\gamma}{2}-1\right)m^2 \tag{7-38}$$

因此，若要调频的频偏大就需增大 m，这样中心频率偏移量和非线性失真量也会增大。在某些应用中，要求的相对频偏较小，而所需要的 m 也就较小，因此，这时即使 γ 不等于 2，二次谐波失真和中心频率偏移也不大。

4. 变容二极管部分接入振荡回路

变容二极管的结电容作为回路总电容的调频电路的中心频率稳定度较差，这是因为中心频率决定于变容二极管结电容的稳定性。当温度变化或反向偏压不稳时会引起结电容的变化，它又会引起中心频率产生较大变化。为了减小中心频率不稳，提高中心频率稳定度，通常采用部分接入的办法来改善性能。

变容二极管部分接入振荡回路的等效电路如图 7-8a 所示。变容二极管和 C_C 串联，再和 C_1 并联，构成振荡回路总电容 C_Σ，其值为

$$C_\Sigma = C_1 + \frac{C_C C_j}{C_C + C_j} \tag{7-39}$$

加调制信号后，总回路电容 C_Σ 为

$$\begin{aligned}C_\Sigma &= C_1 + \frac{C_C C_{jQ}/(1+m\cos\Omega t)^\gamma}{C_C + C_{jQ}/(1+m\cos\Omega t)^\gamma}\\&= C_1 + \frac{C_C C_{jQ}}{C_C(1+m\cos\Omega t)^\gamma + C_{jQ}}\end{aligned} \tag{7-40}$$

相应的调频特性方程为

$$\omega = \frac{1}{\sqrt{L_1 C_\Sigma}} = \frac{1}{\sqrt{L_1\left[C_1 + \dfrac{C_C C_{jQ}}{C_C(1+m\cos\Omega t)^\gamma + C_{jQ}}\right]}} \tag{7-41}$$

从上式知，调频特性取决于回路的总电容 C_Σ，其可以看成一个等效的变容二极管，C_Σ 随调制电压的变化规律不仅决定于变容二极管的结电容 C_j 随调制电压的变化规律，而且还与 C_1 和 C_C 的大小有关。因此变容二极管部分接入振荡回路的中心频率稳定度比全部接入振荡回路要高，但其最大频偏要减小。

7.3.3 晶体振荡器调频电路

变容二极管调频和电抗管调频的中心频率稳定度低，是由于它们都是在 LC 振荡器上直接进行调频的。而 LC 振荡器频率稳定度较低，再加上变容管或电抗管各参数又引进了新的不稳定因素，所以频率稳定性更差，一般低于 1×10^{-4}。为了提高调频器的频率稳定度，可

以对晶体振荡器进行调频，因为石英晶体振荡器的频率稳定度很高，可做到1×10^{-6}。所以，在要求频率稳定度较高、频偏不太大的场合，用石英晶体振荡器调频较合适。

晶体振荡器直接调频电路通常是将变容二极管接入并联型晶体振荡器的回路中实现调频。变容二极管接入振荡回路有两种形式，一种是与石英晶体串联，另一种是与石英晶体并联。无论哪一种形式，变容二极管的结电容的变化均会引起晶体振荡器的振荡频率变化。变容二极管与石英晶体串联的连接方式应用得比较广泛，其作用是改变振荡支路中的电抗，以实现调频。

图 7-9 是石英晶体振荡器变容管直接调频原理电路图。图中石英晶体与变容二极管 C_d 串联，那么，当调制信号控制变容二极管 C_d 电容量变化时，振荡频率同样可以发生微小的变动，这就完成了调频作用，但频偏很小。频率的变动只能限制在晶体的并联谐振频率与串联谐振频率之间，这个区间很小。

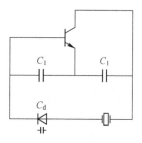

图 7-9　晶体振荡器
直接调频原理

对晶体振荡器进行直接调频时，因为振荡回路中引入了变容二极管，所以调频振荡器的频率稳定度相对于不调频的晶体振荡器有所下降。

如图 7-10 所示是一个实用的晶体振荡器调频电路，图 7-10a 中集电极回路调谐在三次谐波上，其基频交流通路如图 7-10b 所示。显然该调谐振荡器是一个电容三端式振荡电路，调频以后通过三次倍频扩大频偏。该调频振荡器的输出中心频率（即载频）为 60 MHz，可获得频偏大于 7 kHz 的线性调频。

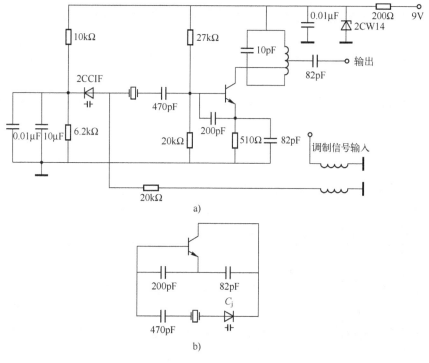

图 7-10　晶体振荡器调频电路
a）电路原理图　b）基频交流通路

7.3.4　间接调频电路

间接调频是利用调相电路间接地产生调频波。间接调频的最大优点是频率稳度高，因此其应用比较广泛。由图 7-5 可知，调相是间接调频的基础，调相方法有：变容二极管调相、矢量合成法调相（即相乘调幅合成法）、可变时延法调相。

1. 变容二极管调相

如图 7-11 所示为变容二极管调相电路。

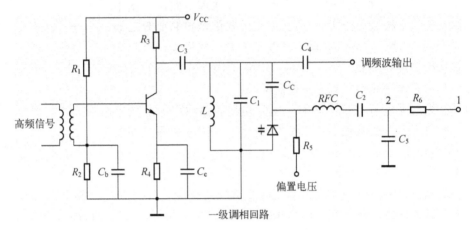

图 7-11　变容二极管调相电路

由图可见此电路是一级单调谐放大器，输入信号由振荡频率稳定度很高的晶体振荡器产生，并通过变压器耦合输入到单调谐放大器的发射极-基极。图中 C_3 和 C_4 为隔直耦合电容，C_c 为发射极高频旁路电容，它们都对高频信号可视为短路；C_2 对调制信号可视为短路，对高频信号为开路。集电极负载是由电感 L、电容 C_1 及变容管结电容 C_j 构成的并联谐振回路，由此谐振回路构成了一级调相电路。当没有调制信号输入时，晶振频率 ω_0 等于由 L、C_1 及变容二极管静态结电容 C_{j0} 决定的谐振频率，此时并联谐振回路阻抗为纯阻性，因而回路两端电压与电流同相。当有调制信号输入时，变容管 C_j 随调制电压而改变，此时并联谐振回路对载频处于不同的失谐状态。当 C_j 减小时，并联阻抗呈感性，回路两端电压超前于电流；反之，当 C_j 增大时，并联阻抗呈容性，回路两端电压滞后于电流。故 C_j 的大小受调制信号控制，使得谐振回路两端电压产生相应的相位变化，实现调相。调制信号由 2 端输入，此时输出为调相波。若调制信号由 1 端经 R_6C_5 积分器输入，则输出为调频波。

在小频偏时，谐振回路相移和调制信号振幅成正比，因此，可以得到线性调相。如果调制信号先经过积分电路再输入，就可以得到线性调频。

2. 矢量合成法调相

矢量合成法调相又称为阿姆斯特朗法，其实现模型如图 7-12 所示。由频率稳定度很高的晶体振荡器产生高频载波，通过移相器移相 90°，然后与积分后的调制信号在相乘电路中产生与载频正交的双边带信号，最后与载频信号相加即可产生窄带调频信号。为扩大频偏，可采用倍频器进行倍频，使载频和频偏达到所需值。该调频电路的缺点是输出噪声随 n 倍频而增大。

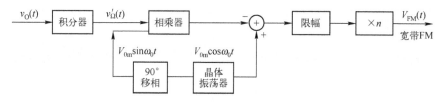

图 7-12 矢量合成法间接调频框图

3. 可变时延法调相

周期信号在经过一个网络后，若在时间轴上有所延迟，则此信号的相角必然发生变化，时延法调相就是利用调制信号控制时延大小而实现调相的一种方法。图 7-13 所示是可变时延调相法的原理框图。

当载波电压 $V_{0m}\cos\omega_0 t$ 通过可变时延网络后，其输出电压为

$$v_0(t) = V_{0m}\cos\omega_0(t-\tau) \qquad (7\text{-}42)$$

其中，τ 是受调制电压控制的，且它们之间成线性关系，即

图 7-13　可变时延调相法原理框图

$$\tau = kv_\Omega(t) = kV_\Omega\cos\Omega t \qquad (7\text{-}43)$$

则输出电压 $v_0(t)$ 就是所要的调相波，即

$$v_0(t) = V_{0m}\cos\left[\omega_0 t - k\omega_0 v_\Omega(t)\right] = V_{0m}\cos\left[\omega_0 t - m_p\cos\Omega t\right] \qquad (7\text{-}44)$$

式中，$m_p = k\omega_0 V_\Omega$ 为该调相波的调相指数或最大相移。

4. 扩展最大频偏的方法

在实际调频电路中，为了扩展调频信号的最大线性频偏，常采用倍频器和混频器来获得所需的载波频率和最大线性频偏。

一个瞬时角频率为 $\omega(t) = \omega_0 + \Delta\omega_m\cos\Omega t$ 的调频信号，通过 n 次倍频器，其输出信号的瞬时角频率将变为 $n\omega(t) = n\omega_0 + n\Delta\omega_m\cos\Omega t$。可见，倍频器可以不失真地将调频信号的载波角频率和最大角频偏同时增大 n 倍，即倍频器可以在保持调频信号的相对角频偏不变的条件下（$\Delta\omega_m/\omega_0 = n\Delta\omega_m/n\omega_0$），成倍地扩展最大角频偏。如果将调频信号通过混频器，设本振信号角频率为 ω_L，则混频器输出的调频信号角频率变化为 $(\omega_L - \omega_c - \Delta\omega_m\cos\Omega t)$ 或 $(\omega_L + \omega_c + \Delta\omega_m\cos\Omega t)$。可见，混频器使调频信号的载波角频率降低为 $(\omega_L - \omega_c)$ 或升高为 $(\omega_L + \omega_c)$，但最大角频偏没有发生变化，仍为 $\Delta\omega_m$。这就是说，混频器可以在保持最大角频偏不变的情况下，改变调频信号的相对角频偏。

利用倍频器和混频器的上述特性，可以在要求的载波频率上扩展频偏。例如，可以先用倍频器增大调频信号的最大频偏，再用混频器将调频信号的载波频率降低到规定的数值。这种方法对于直接调频电路和间接调频电路产生的调频波都适用。

7.4　鉴频电路

从调频波中取出原来的调制信号，称为频率检波，又称鉴频。完成鉴频功能的电路，称为鉴频器。

7.4.1 鉴频方法和主要技术指标

在调频波中，调制信息包含在高频振荡频率的变化量中，所以调频波的解调任务就是要求鉴频器输出信号与输入调频波的瞬时频移成线性关系。

鉴频器实际上包含两个功能，一个是借助于谐振电路将等幅的调频波转换成幅度随瞬时频率变化的调幅调频波，另一个是用二极管检波器进行幅度检波，以还原出低频调制信号。

由于信号的最后检出还是利用高频振幅的变化，这就要求输入的调频波不能有寄生调幅。否则，这些寄生调幅将混在转换后的调幅调频波中，使最后检出的信号受到干扰。为此，在输入到鉴频器前的信号要经过限幅，使其幅度恒定。有的鉴频器（如比例鉴频器）本身具有限幅作用，则可以省掉限幅器。

鉴频器的类型很多，常见的鉴频器可分为斜率鉴频器、相位鉴频器、比例鉴频器和脉冲计数式鉴频器。

1. 斜率鉴频器

如图 7-14 所示为斜率鉴频器的框图。图中先将等幅调频信号送入频率-振幅线性变换网络，变换成幅度与频率成正比变化的调幅-调频信号，然后用包络检波器进行检波，还原出原调制信号。

2. 相位鉴频器

如图 7-15 所示为相位鉴频器的框图。这种方法先将等幅的调频信号送入频率-相位线性变换网络，变换成相位与瞬时频率成正比变化的调相-调频信号，然后通过相位检波器还原出原调制信号。

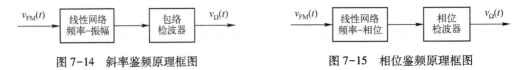

图 7-14 斜率鉴频原理框图   图 7-15 相位鉴频原理框图

3. 脉冲计数式鉴频器

脉冲计数式鉴频器实现模型如图 7-16 所示。此方法先将等幅的调频信号送入非线性变换网络，将它变为调频等宽脉冲序列，由于该等宽脉冲序列所含平均分量与瞬时频率成正比，故通过低通滤波器就可以得到包含在平均分量中的低频调制信号。

鉴频器的主要质量指标有如下几个。

（1）鉴频灵敏度 S_D（也称鉴频跨导）

鉴频灵敏度是指在调频波的中心频率 f_c 附近，单位频偏所产生的输出电压的大小，即 $S_D = \Delta v_0 / \Delta f$，其单位为 V/Hz。$\Delta v_0$、$\Delta f$ 的含义如图 7-17 所示，鉴频曲线越陡，鉴频灵敏度越高，说明在较小的频偏下就能得到一定电压的输出，因此鉴频灵敏度 S_D 大些好。

（2）鉴频频带宽度 BW

鉴频频带宽度指将鉴频特性近似为直线的频率变化范围，如图 7-17 中 BW 所示。它表明鉴频器不失真解调时所允许的最大频率变化范围，即 $2\Delta f_{max}$。鉴频时应使 $2\Delta f_{max}$ 大于调频信号最大频偏的两倍，即 $2\Delta f_m$，同时注意鉴频曲线的对称性。

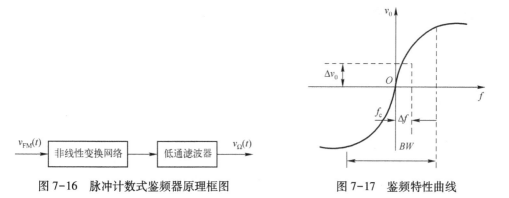

图 7-16 脉冲计数式鉴频器原理框图　　　　图 7-17 鉴频特性曲线

（3）非线性失真

在频带 BW 内鉴频特性只是近似线性，也存在着非线性失真，希望非线性失真尽量小，同时要求鉴频器对寄生调幅应有一定的抑制能力。

7.4.2 斜率鉴频器

单失谐回路斜率鉴频器电路原理图及其鉴频特性曲线如图 7-18 所示。图中 LC 并联谐振回路调谐在高于或低于调频信号中心频率 f_c 上，当输入等幅调频信号中心频率 f_c 失谐于谐振回路的谐振频率 f_0 时，输入信号是工作在 LC 回路的谐振曲线的倾斜部分。实际工作时，可调整谐振回路的谐振频率 f_0，使调频波的中心频率 f_c 处于回路谐振曲线的倾斜部分，接近直线段的中心点 A，则失谐回路可将调频波变换为随瞬时频率变化的调幅-调频波。V、R_1、C_1 组成振幅检波器，用它对调幅-调频信号进行振幅检波，即可得到原调制信号 $v_\Omega(t)$。由于谐振回路谐振曲线的线性度差，所以，单失谐回路斜率鉴频器输出波形失真大，质量不高，故很少使用。

双失谐回路斜率鉴频器由两个单失谐回路斜率鉴频器组成，其电路原理图、鉴频特性曲线如图 7-19 所示。图中二次侧有两个失谐的并联谐振回路，所以称为双失谐回路斜率鉴频器。其中回路 I 调谐在 f_{01} 上，$f_{01} < f_c$，回路 II 调谐在 f_{02} 上，$f_{02} > f_c$。为保证工作的线性范围，可以调整 f_{01}、f_{02}，使（$f_{01} - f_{02}$）大于输入调频波最大频偏 Δf_m 的两倍。为了使鉴频特性曲线对称，还应使 $f_{02} - f_c = f_c - f_{01}$。将上、下两个单失谐回路斜率鉴频器输出之差作为总输出，即 $v_o = v_{o1} - v_{o2}$。

图 7-19a 中两个二极管振幅检波电路参数相同，即 $C_1 = C_2$，$R_1 = R_2$，VD_1 和 VD_2 参数一致。当调频信号的频率为 f_c 时，由图 7-19b 可见，V_{1m} 与 V_{2m} 大小相等，故检波输出电压 $v_{o1} = v_{o2}$，鉴频器输出电压 $v_o = 0$；当调频波频率为 f_{01} 时，$V_{1m} > V_{2m}$，则 $v_{o1} > v_{o2}$，所以鉴频器输出电压 $v_o > 0$ 为正值，且为最大；当调频信号频率为 f_{02} 时，$V_{1m} < V_{2m}$，则 $v_{o1} < v_{o2}$，所以，$v_o < 0$ 为负最大值。由于在 $f > f_{02}$ 时，V_{2m} 随频率升高而下降；在 $f < f_{01}$ 时，V_{1m} 随频率降低而减小。故鉴频特性曲线在 $f > f_{02}$ 和 $f < f_{01}$ 后开始弯曲。

双失谐回路斜率鉴频器由于采用了平衡电路，上、下两个单失谐回路鉴频器特性可相互补偿，使得鉴频器输出电压中的直流分量和低频偶次谐波分量互相抵消。故鉴频的非线性失真小，线性范围宽，鉴频灵敏度高；缺点是鉴频特性的线性范围和线性度与两个回路的谐振频率 f_{01} 和 f_{02} 的配置有关，调整起来不太方便。

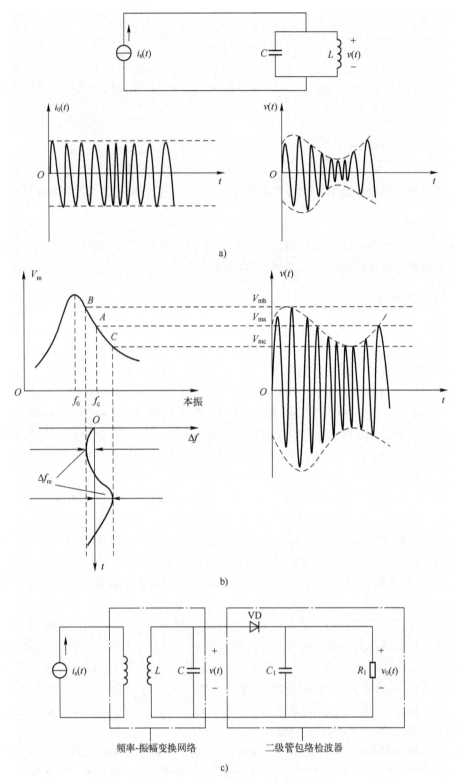

图 7-18 斜率鉴频器工作原理

a) 变换网络 b) 调频信号变为调幅-调频信号 c) 单失谐回路鉴频器

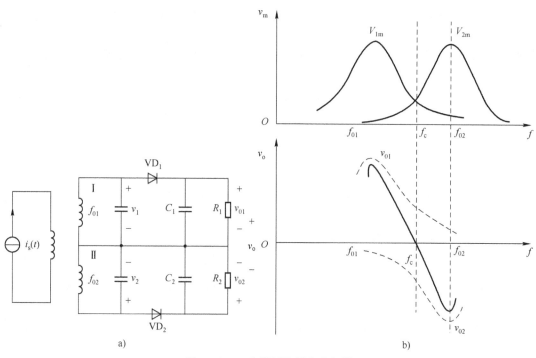

图 7-19　双失谐回路斜率鉴频器

a）电路　　b）电压谐振曲线　　c）鉴频特性

7.4.3　相位鉴频器

由图 7-15 所示的相位鉴频器实现模型可知，它由频率-相位线性变换网络、相位检波器两部分组成。关于频率-相位线性变换网络，在满足准静态条件下，网络对输入调频信号的响应中，引入了受瞬时角频率控制的附加相移。只要附加相移在调频波瞬时频率变化范围内是线性的，输出信号中的附加相移就能不失真地反映输入调频波的瞬时频率变化规律。

相位检波器又称相位解调器或鉴相器。它的任务就是把已调信号瞬时相位变化不失真地转变成电压变化。下面主要讨论乘积型模拟相乘器鉴相。

如图 7-20 所示为乘积型模拟相乘器鉴相实现模型。设 $v_i = V_{im}\sin(\omega_0 t + \varphi)$，$v_r = V_{rm}\cos(\omega_0 t)$，则相乘器输出信号 $v_a = K_M v_i v_r = \dfrac{K_M V_{im} V_{rm}}{2}\left[\sin\varphi + \sin(2\omega_0 t + \varphi)\right]$，经低通滤波器滤除 $2\omega_0$ 高频分量而保留低频部分，则输出信号为

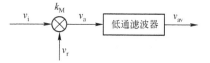

图 7-20　乘积型模拟相乘器鉴相

$$v_{av} = \frac{K_M V_{im} V_{rm}}{2}\sin\varphi$$

显然，v_{av} 并非与相位 φ 成线性关系，只有当 $\varphi \le \pi/12$ 时，$\sin\varphi \approx \varphi$ 才与 φ 成正比。

由 MC1596 集成模拟乘法器构成的乘积型相位鉴频器电路如图 7-21 所示。图中 VT 为射极输出器，L、R、C_1、C_2 组成频率-相位变换网络，该网络用于中心频率为 7~9 MHz、最大频偏 250 kHz 的调频波解调。在乘法器输出端，用运算放大器构成平衡输入低频放大器，运算放大器输出端接低通滤波器。

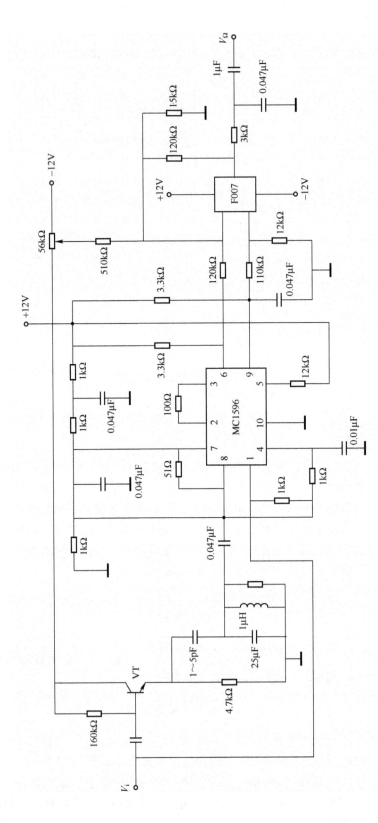

图7-21 用MC1596构成乘积型相位鉴频器

7.4.4 限幅器

在传输过程中，由于受各种干扰的影响，将使调频信号产生寄生调幅。这种带有寄生调幅的调频信号通过鉴频器（比例鉴频器除外），使输出电压产生了不需要的幅度变化，因而造成失真，使通信质量降低。为了消除寄生调幅的影响，在鉴频器（比例鉴频器除外）前可加一级限幅器。

由于限幅过程是一个非线性过程，在输出信号中必然产生许多新的频率成分。所以需要用调谐回路或者其他形式的带通滤波器将不需要的频率成分滤掉，以得到恒定振幅的调频正弦波。故限幅器通常由非线性元件和谐振回路所组成，当带有寄生限幅的调频信号通过非线性元件后，便削去了幅度变化部分；但此时波形产生了失真，即有新的频率成分出现，需要靠谐振回路来滤除。

限幅器具有如图 7-22 所示的限幅特性曲线，图中曲线表示输出电压 v_o 和输入电压 v_i 的关系。在 OA 段，输出电压随输入电压增加而增加；A 点以后，输入电压 v_i 增加，输出电压 v_o 保持一个恒定值。A 点称为限幅门限，相应的输入电压 v_i 称为门限电压。显然，只有输入电压超过门限电压 v_i 时，才会产生限幅作用。

限幅器的具体电路很多，本章主要讨论两种常用电路，即二极管限幅器与晶体管限幅器。

1. 二极管限幅器

图 7-23 是利用两个二极管限幅的电路。它是在调频放大器的基础上，加两个二极管 VD_1、VD_2 构成的。图中，VD_1 和 VD_2 一正一反地并接在谐振回路两端。当输入信号小时，谐振电路电压低，如果其幅值小于二极管的正向导通电压，则二极管相当于开路，对放大输出不影响。如果信号足够大，谐振电路电压高，则两个二极管在正负半周的部分时间内交替导通。因为二极管的正向电阻随所加的电压而变，电压越大则正向电阻越小，故信号越大，二极管内阻越小，使谐振回路 Q 值下降，从而起到阻止输出增大的作用。谐振电路电压增幅将限制在二极管正向电压范围内，若是硅管，则谐振电路的电压幅值约为 0.7 V。

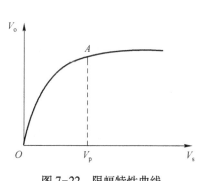

图 7-22　限幅特性曲线

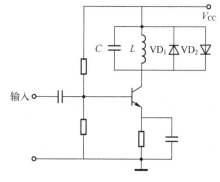

图 7-23　二极管限幅电路

2. 晶体管限幅器

如图 7-24 所示是晶体管限幅器电路，其利用晶体管作削波元件。从形式上看，它与一般的调谐放大器没有什么区别，但其工作状态却与一般调谐放大器不同。在输入信号较小时，限幅器处于放大状态，起普通中频放大器的作用；当输入信号较大时，工作在截止和饱和区域，并且让截止、饱和时间基本相同，即可起到限幅作用。

实际上，一般的限幅电路只能在一定程度上限制输出电压的幅度，不可能绝对保持不变。特别是当信号弱时，便失去限幅作用。因此，要得到好的限幅效果，在限幅级前要求有高的信号增益，并且在不止一级上加以限幅。

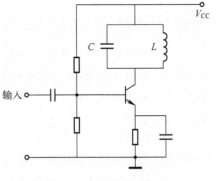

图 7-24　晶体管限幅放大器

7.5　Multisim 仿真实例

1. 变容二极管直接调频电路仿真

变容二极管直接调频电路是利用变容二极管反偏时所呈现的可变电容特性实现调频作用的，具有工作频率高、固有损耗小等优点，是目前应用最为广泛的直接调频电路。将变容二极管接入 LC 正弦波振荡器的谐振回路中，构建变容二极管直接调频电路，如图 7-25 所示。图中 V1 为变容二极管直接调频电路电源，V2 为调制信号，V3 为变容二极管的直流偏置电源，D1 为变容二极管。用双踪示波器分别观察变容二极管直接调频电路的输出端和调制信号端，用频率计观察输出信号频率的变化。

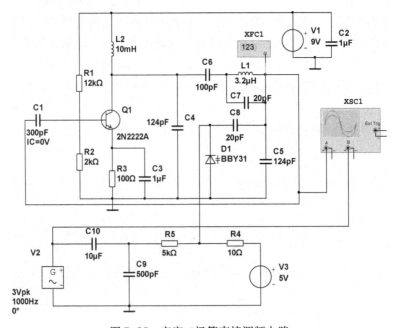

图 7-25　变容二极管直接调频电路

设置好电路参数及 Multisim 软件仿真参数后，仿真后用示波器显示变容二极管直接调频电路输出信号的波形，如图 7-26 所示。频率计的显示如图 7-27 所示，可观察到其频率随着调制信号的变化而变化。

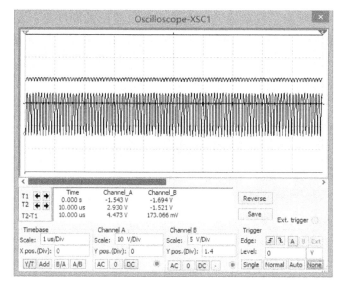

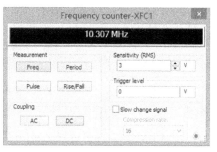

图 7-26　变容二极管直接调频电路输出信号波形　　　图 7-27　变容二极管直接调频
电路频率计指示

2. 斜率鉴频器电路仿真

先将等幅调频信号送入频率-振幅线性变换网络，变换成幅度与频率成正比变化的调幅-调频信号，然后用包络检波器进行检波，还原出原调制信号。为了扩大鉴频特性的线性范围，实用的斜率鉴频电路都是采用两个单失谐的回路斜率鉴频电路构成的平衡电路，电路如图 7-28 所示。其中，A1 为加法器，作为两个单失谐的回路斜率鉴频电路的平衡输出。并用一个四踪示波器 XSC1 来观察输入端、失谐端、单输出端、平衡输出端的信号波形。

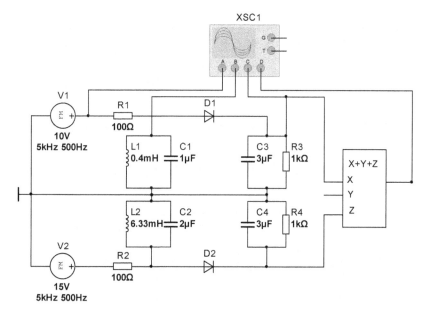

图 7-28　两个单失谐的回路斜率鉴频电路构成的平衡电路

仿真后示波器显示的波形如图 7-29 所示。显示通道从上到下显示波形的顺序是：A，调频波信号；B，失谐端信号；C，单输出端信号；D，平衡输出端信号。可以看到此电路实现了鉴频的作用。

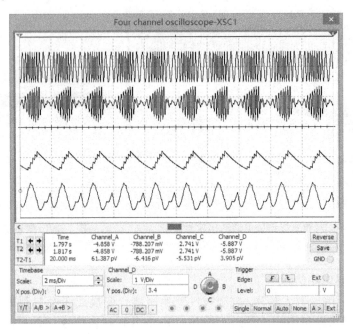

图 7-29　调频波信号、失谐端信号、单输出端信号、输出端信号

习题

1. 若调制信号频率为 400 Hz，振幅为 2 V，调制指数为 30，求频偏（调频与调相）。当调制信号频率减小为 200 Hz，同时振幅上升为 3 V 时，调制指数（调频与调相）将变为多少？

2. 设调制信号 $v_\Omega(t) = V_{\Omega m}\cos(\Omega t)$，载波信号为 $v_0(t) = V_{0m}\cos(\omega_0 t)$，调频的比例系数为 $k_f(\mathrm{rad}/(V \cdot s))$。试写出调频波的以下各量：

（1）瞬时角频率 $\omega(t)$；（2）瞬时相位 $\theta(t)$；（3）最大频移 $\Delta\omega_f$；（4）调制指数 m_f；（5）已调频波的 $v_{FM}(t)$ 的数学表达式。

3. 为什么调幅波的调制系数不能大于 1，而角度调制的调制系数可以大于 1？

4. 求 $v(t) = 5\cos(10^6 t + \sin 5 \times 10^3 t)$ 在 $t = 0$ 时的瞬时频率。

5. 已知载波频率 $f_0 = 100$ MHz，载波电压幅度 $v_m = 5$ V，调制信号 $v_\Omega(t) = \cos 2\pi \times 10^3 t + 2\cos 2\pi \times 500 t$，试写出调频波的数学表达式（设两调制信号最大频偏均为 $\Delta f_{max} = 20$ kHz）。

6. 载波振荡的频率为 $f_0 = 25$ MHz，振幅为 $v_m = 4$ V，调制信号为单频余弦波，频率为 $F = 400$ Hz，频偏为 $\Delta f = 10$ kHz。

（1）写出调频波与调相波的数学表达式；

（2）若仅将调制信号频率变为 2 kHz，其他参数不变，试写出调频波与调相波的数学表达式。

7. 有一调幅波和一调频波，它们的载频均为 1 MHz。调制信号均为 $v_\Omega(t) = 0.1\sin(2\pi \times 10^3 t)$（V）。已知调频时，单位调制电压产生的频偏为 1 kHz/V。

（1）试求调幅波的频谱宽度和调频波的有效频谱宽度。

（2）若调制信号改为 $v_\Omega(t) = 20\sin(2\pi \times 10^3 t)$（V），求调幅波的频谱宽度和调频波的有效频谱宽度。

8. 分析电抗管调频的基本原理。

9. 给定调频信号中心频率为 $f_0 = 25$ MHz，频偏 $\Delta f = 75$ kHz，调制信号为正弦波，试求调频波在以下三种情况下的调制指数和频带宽度（按 10% 的规定计算带宽）。（1）调制信号频率为 $F = 300$ Hz；（2）调制信号频率为 $F = 3$ kHz；（3）调制信号频率为 $F = 15$ kHz。

10. 若调制信号频率为 400 Hz，振幅为 2.4 V，调制指数为 60。当调制信号频率减小为 250 Hz，同时振幅上升为 3.2 V 时，调制指数将变为多少？

11. 已知调频波 $v(t) = 2\cos(2\pi \times 10^6 t + 10\sin 2000\pi t)$（V），试确定：（1）最大偏频；（2）此信号在单位电阻上的功率。

12. 有一调频发射机，用正弦波调制，未调制时，发射机在 50 Ω 电阻负载上的输出功率为 100 W。将发射机的频偏由零慢慢增大，当输出的第一边频成分等于零时，即停止下来。试计算：（1）载频成分的平均功率；（2）所有边频成分总的平均功率；（3）第二次边频成分总的平均功率。

13. 在调频器中，如果加到变容二极管的交流电压超过直流偏压，对调频电路的工作有什么影响？

14. 设用调相法获得调频，调制频率 $F = 300 \sim 3000$ Hz。在失真不超过允许值的情况下，最大允许相位偏移 $\Delta \theta_m = 0.5$ rad。如要求在任一调制频率得到最大的频偏 Δf 不低于 75 kHz 的调频波，需要倍频的倍数为多少？

15. 用原理框图说明鉴频原理，并画出相应点的波形图。

16. 为什么通常在鉴频器之前要采用限幅器？

17. 有一个鉴频器的鉴频特性为正弦型，带宽 $B = 200$ kHz，试写出此鉴频器的鉴频特性表达式。

18. 斜率鉴频器中应用单谐振回路和小信号选频放大器中应用单谐振回路的目的有何不同？Q 值高低对二者的工作特性各有什么影响？

第8章　反馈控制电路

反馈控制电路是为了提高和改善电子线路的性能指标或实现一些特定要求，利用反馈信号与原输入信号进行比较，进而输出一个比较信号对系统的某些参数进行修正，从而提高系统性能的自动控制电路。根据控制对象参量的不同，反馈控制电路分为三类：系统中需要比较的参量若为电压或电流，则是自动增益控制电路（Automatic Gain Control，AGC）；系统中需要比较的参量若为频率，则是自动频率控制电路（Automatic Frequency Control，AFC）；系统中需要比较的参量若为相位，则是自动相位控制电路（Phase Lock Loop，PLL），又称为锁相环路。其中在锁相频率合成器中，锁相环路具有稳频作用，能够完成频率的加、减、乘、除等运算，可以作为频率的加减器、倍频器、分频器等使用。

8.1　自动增益控制电路

对于接收机而言，其输出信号电平取决于输入信号电平以及接收机的增益。在通信、导航、遥测系统中，由于受发射功率大小、收发距离远近、电波传播衰减等各种因素的影响，所接收到的信号强弱变化范围很大，弱的可能是几微伏，强的则可达几百毫伏。若接收机的增益恒定不变，则信号太强时会造成接收机中的晶体管和终端器件（如扬声器）阻塞、过载甚至损坏；而信号太弱时又可能被丢失。因此希望接收机的增益能随接收信号的强弱而变化，信号强时增益低，信号弱时增益高，这样就需要自动增益控制电路。

因此 AGC 电路的作用是：当输入信号电平变化很大时，尽量保持接收机的输出信号电平基本稳定（变化较小）。即当输入信号很弱时，接收机的增益高；当输入信号很强时，接收机的增益低。

AGC 电路接收框图如图 8-1 所示。由图可知输入信号 V_i 经放大、变频、再放大后，到中频输出信号，然后输出电压经检波和滤波，产生控制电压 V_{AGC}，反馈回到中频、高频放大器，对它们的增益进行控制。所以这种增益的自动调整主要由两步来完成：产生一个随输入信号 V_i 变化的直流控制电压 V_{AGC}（AGC 电压）；利用 AGC 电压控制某些部件的增益，使接收机的总增益按照一定规律变化。

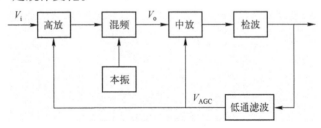

图 8-1　AGC 电路的接收框图

在图 8-1 所示 AGC 电路中，当接收机一有输入信号时，AGC 电路就会立即起控制作用，接收机的增益因受控而降低，这对接收弱信号是不利的。为了克服这一缺点，可采用

图 8-2a 所示的延迟式 AGC 电路，单独设置提供 AGC 电压的 AGC 检波器。其延迟特性由加在 AGC 检波器上的附加偏压 V_R（参考电平）来实现。当检波器输入信号幅度小于 V_R 时，AGC 检波器不工作，AGC 电压为零，AGC 不起控制作用。当 AGC 检波器输入信号幅度大于 V_R 时，AGC 电路才起作用，其控制特性如图 8-2b 所示。

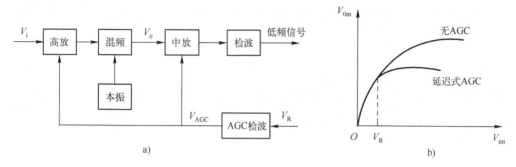

图 8-2 具有延迟式 AGC 电路的接收框图及控制特性

a）接收框图 b）延迟式 AGC 控制特性

根据系统对 AGC 的要求，可采用多种形式的控制电路。下面介绍两种常用的增益控制电路。

1. 改变晶体管发射极电流实现增益控制

晶体管放大器的增益与放大管的跨导 g_m 有关，而 g_m 与管子的静态工作点有关，因此，改变发射极工作点电流 I_E，放大器的增益即随之改变，从而达到控制放大器增益的目的。为了控制晶体管的静态工作点电流 I_E，一般把控制电压 V_{AGC} 加到晶体管的基极或发射极上。

图 8-3a 是将控制电压加在晶体管的发射极。当 V_{AGC} 增大时，晶体管的偏置电压 V_{be} 减小，集电极电流 I_c 随之减小，则 g_m 减小，导致放大器的增益降低。相反，如果控制电压 V_{AGC} 减小，则 V_{be} 升高，I_c 和 g_m 增大，放大器增益变大。图 8-3b 是控制电压加在晶体管基极的增益控制电路。图中受控管为 NPN 型，故控制电压 V_{AGC} 应为负极性，即信号增大时，控制电压向负的方向增大，从而导致 I_E 成小、g_m 下降，使放大器增益降低。

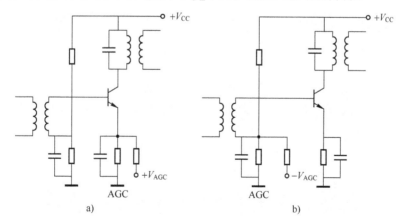

图 8-3 AGC 放大电路

a）控制电压加在晶体管的发射极 b）控制电压加在晶体管的基极

2. 改变放大器的负载

改变放大器的负载也可达到增益控制的目的。放大器增益与负载有关，调节负载也可以实现放大器的增益控制。图 8-4 所示为一种阻尼二极管 AGC 电路。图中，除了采用控制基极电流 I_B 的方法实现自动增益控制，还加上了变阻二极管 V_3（阻尼二极管）和电阻 R_1、R_2、R_3，来改变回路 L_1C_1 的负载。其原理为：当外来信号较小时，V_c 较小，VT_2 集电极电流 I_{C2} 较大，R_3 上的压降大于 R_1 上的压降，这时 B 点电位高于 A 点电位，二极管 VD_3 处于反向偏置，呈现很高的阻抗，对回路 L_1C_1 没有什么影响。当外来信号增大时，V_c 加大，I_{C2} 减小，导致 B 点电位下降，二极管 VD_3 的偏置逐渐变正，阻抗减小（从交流等效电路来看，二极管 VD_3 和电阻 R_2 串联后，并联于 VT_1 的输出回路两端），使回路 L_1C_1 的有效 Q 值下降，VT_1 的增益降低。当外来信号很强时，二极管 VD_3 导通，使有效 Q 值大大下降，VT_1 的增益将显著下降。因此随外来信号的强弱变化，改变了前一级放大器（VT_1）的增益，实现了增益的自动控制。

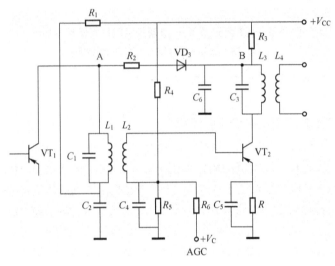

图 8-4 阻尼二极管 AGC 控制电路

8.2 自动频率控制电路

自动频率控制（AFC）电路也是一种反馈控制电路。它控制的对象是信号的频率，其主要作用是自动控制振荡器的振荡频率。AFC 的原理框图如图 8-5 所示。被稳定的振荡器频率 f_0 与标准频率 f_r 在鉴频器中进行比较。当 $f_0 = f_r$ 时，频率比较器无输出，控制元件不受影响；当 $f_0 \neq f_r$ 时，鉴频器有误差电压输出，该电压大小与 $|f_0 - f_r|$ 成正比。此时，控制元件参数因受控制而发生变化，从而使 f_0 发生变化，直到使频率误差 $|f_0 - f_r|$ 减小到某一定值 Δf，自动频率微调过程停止，被稳定的振荡器就稳定在 $f_0 = f_r \pm \Delta f$ 的频率上。

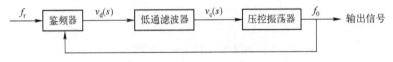

图 8-5 AFC 电路原理框图

由上述可知，自动频率控制过程是利用误差信号的反馈作用来控制被稳定的振荡器的频率，而使之稳定。需要注意的是，在反馈环路中传递的是频率信息，误差信号正比于频率误差 $|f_0-f_r|$，控制对象是输出频率。

自动频率控制电路广泛用作接收机和发射机中的自动频率微调电路。如图 8-6 所示为调幅超外差接收机自动频率控制系统的框图。

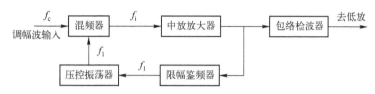

图 8-6 调幅超外差接收机自动频率控制系统框图

鉴频器的中心频率调在超外差接收机规定的中频频率上，接收机的本地振荡器是一个调频振荡电路，它的频率受鉴频器输出电压的控制而变化，所以叫作压控振荡器（Voltage Control Oscillator，VCO）。这种系统的稳频原理如下：在正常情况下，接收信号载波频率为 f_c，相应的压控振荡器为 f_1，混频输出的中频频率 $f_i = f_1-f_c$。如果由于某种原因使得压控振荡器频率发生了一个正的偏离 Δf_0，则中频频率也发生了同样的漂移，成为 $f_i+\Delta f_0$。中放输出信号加到鉴频器，当有 Δf_0 产生时，鉴频器就给出相应的电压 V_0，用这个电压控制压控振荡器的频率，使它减小 $\Delta f_0'$。也就是说压控振荡器频率虽然偏离了 Δf_0，但由于自动频率控制的反馈作用又把它拉回了 $\Delta f_0'$，即 $f_i' = (f_i+\Delta f_0)-\Delta f_0'$。这样经过反馈系统的反复循环作用以后，使压控振荡器频率平衡在偏离值小于 Δf_0 的频率上。如果压控振荡器频率发生一个负的 Δf_0 漂移，也能起到上述自动频率控制的作用。

图 8-7 所示是具有 AFC 电路的调频发射机组成框图。图中石英晶体振荡器是参考频率信号源，其频率为 f_r，频率稳定度很高，作为 AFC 电路的标准频率。调频振荡器的标称中心频率为 f_c。鉴频器的中心频率调整在（f_r-f_c）上。由于 f_r 稳定度很高，当调频振荡器中心频率发生漂移时，混频器输出的频差也跟随变化，使限幅鉴频器输出电压发生变化，经低通滤波器滤除调制频率分量后，将反映调频波中心频率漂移程度的缓慢变化电压加到调频振荡器上，调节其振荡频率使之中心频率漂移减小，稳定度提高。

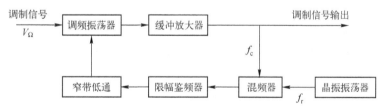

图 8-7 具有 AFC 电路的调频发射机组成框图

8.3 锁相环路（PLL）

锁相环路是一个相位误差控制系统，是将参考信号与输出信号之间的相位进行比较，产生相位误差电压来调整输出信号的相位，以达到与参考信号同频的目的。目前，锁相环路在滤波、频率合成、调制与解调、信号检测等许多技术领域获得了广泛的应用，在模拟与数字通信系统中，已成为不可缺少的基本部件。

8.3.1 锁相环路的基本组成与工作原理

1. 锁相环路的基本组成与基本原理

基本的锁相环路是由鉴相器、环路滤波器和压控振荡器三部分组成的闭合环路，如图 8-8 所示。

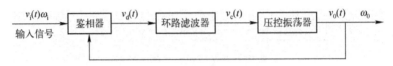

图 8-8　锁相环的基本组成

鉴相器是相位比较部件，用来比较输入信号 $v_i(t)$ 与压控振荡器输出信号 $v_o(t)$ 的相位，它的输出电压 $v_d(t)$ 是这两个信号相位差的函数。环路滤波器的作用是滤除 $v_d(t)$ 中的高频分量及噪声，以保证环路所要求的性能。压控振荡器受环路滤波器输出电压 $v_c(t)$ 的控制，使振荡频率向输入信号的频率靠拢，直至两者的频率相同，使得压控振荡器输出信号的相位和输入信号的相位保持某种特定的关系，达到相位锁定的目的。

锁相环路的输入信号 $v_i(t)$ 一般是晶体振荡器输出的高稳定度的标准频率 ω_i 信号，当压控振荡器的振荡频率 ω_0 由于某种原因而发生变化时，输出相位也相应发生变化。变化的输出相位在鉴相器中与外部输入的稳定参考相位（对应于频率 ω_i）相比，使鉴相器输出一个与相位误差成正比的误差电压 $v_d(t)$，经过低通滤波器，取出其平均电压分量 $v_c(t)$，用 $v_c(t)$ 来控制压控振荡器中的压控元件（例如变容二极管的电容量），通过环路的调节作用，使得压控振荡器的输出频率 ω_0 重新回到稳定值 ω_i，此时称环路处于锁定状态。可见，压控振荡器输出频率的稳定度将由外部输入信号的频率稳定度决定。同理，在环路锁定的情况下，当输入信号的频率在一定范围内发生变化时，通过环路的自身调节作用，压控振荡器的输出频率将跟随输入信号频率的变化而变化。

2. 锁相环路的数学模型

为了便于分析锁相环路的工作性能，首先必须建立锁相环路中的鉴相器、环路滤波器及压控振荡器等组成部件的数学模型。

（1）鉴相器

设输入信号为

$$v_i(t) = V_{1m}\sin\left[\omega_i t + \theta_i(t)\right] \qquad (8-1)$$

压控振荡器的输入信号为

$$v_o(t) = V_{2m}\cos\left[\omega_o t + \theta_o(t)\right] \qquad (8-2)$$

式（8-1）中的 V_{1m} 为输入信号的振幅，ω_i 为输入信号的角频率，$\theta_i(t)$ 是以载波相位 $\omega_i t$ 为参考相位的瞬时相位；式（8-2）中的 V_{2m} 为压控振荡器输出信号的振幅，ω_o 为压控振荡器固有的振荡角频率，$\theta_o(t)$ 是以压控振荡器输出信号的固有振荡相位 $\omega_o t$ 为参考相位的瞬时相位。在一般情况下，ω_i 不一定等于 ω_o，所以为了便于比较两者之间的相位差，现都以 $\omega_o t$ 为参考相位。这样 $v_i(t)$ 的瞬时相位为

$$\omega_i t + \theta_i(t) = \omega_o t + [(\omega_i - \omega_o)t + \theta_i(t)] = \omega_o t + \varphi_i(t) \qquad (8-3)$$

式中，$\varphi_i(t)$ 是以 $\omega_o t$ 为参考的输入信号瞬间相位：

$$\varphi_i(t) = (\omega_i - \omega_o)t + \theta_i(t) = \Delta\omega t + \theta_i(t) \qquad (8-4)$$

$\Delta\omega = \omega_i - \omega_o$，$\Delta\omega$ 是输入信号角频率与 VCO 振荡器信号角频率之差，称为固有频差。

按上面的新定义，可将式（8-1）、式（8-2）改写为

$$v_i(t) = V_{1m}\sin[\omega_o t + \varphi_i(t)] \qquad (8-5)$$

$$v_o(t) = V_{2m}\cos[\omega_o t + \theta_o(t)] = V_{2m}\cos[\omega_o t + \varphi_o(t)] \qquad (8-6)$$

式中，$\varphi_o(t) = \theta_o(t)$，经乘法器相乘后，其输出为

$$v_i(t) \cdot v_o(t) \cdot A_m = \frac{1}{2}A_m V_{1m} V_{2m}\{\sin[2\omega_o t + \varphi_i(t) + \varphi_o(t)] + \sin[\varphi_i(t) - \varphi_o(t)]\} \qquad (8-7)$$

上式中高频分量可通过环路滤波器滤除。则鉴相器输出的有效分量为

$$v_d(t) = \frac{1}{2}A_m V_{1m} V_{2m}\sin[\phi_i(t) - \phi_o(t)]$$

即

$$v_d(t) = A_d\sin\varphi_e(t) \qquad (8-8)$$

式中

$$A_d = \frac{1}{2}A_m V_{1m} V_{2m}$$

$$\varphi_e(t) = \varphi_i(t) - \varphi_o(t) \qquad (8-9)$$

式中，A_m 为乘法器的增益系数；$\varphi_e(t)$ 为 $v_i(t)$ 与 $v_o(t)$ 之间的瞬间相位差。

鉴相器的作用是将它的两个输入信号的相位差 $\varphi_e(t)$ 转变为输出电压 $v_d(t)$。式（8-8）为鉴相器鉴相特性，其曲线如图 8-9 所示，其数学模型如图 8-10 所示。由于 $v_d(t)$ 随 $\varphi_e(t)$ 做周期性的正弦变化，因此这种鉴相器称为正弦波鉴相器。

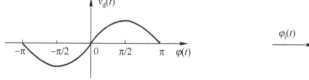

图 8-9　正弦鉴相特性曲线

图 8-10　鉴相器的数学模型

（2）环路滤波器

在锁相环路中，常用的环路滤波器有 RC 积分滤波器、RC 比例积分滤波器和有源比例积分滤波器，它们的电路图如图 8-11 所示。

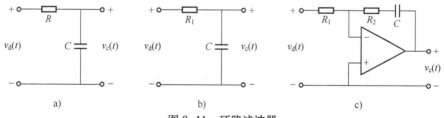

图 8-11　环路滤波器
a）RC 积分滤波器　b）RC 比例积分滤波器　c）有源比例积分滤波器

图 8-11a 为一阶 RC 低通滤波器，它的作用是将 v_d 中的高频分量滤掉，得到控制电压 v_c。滤波器的传递函数为输出电压与输入电压之比，即

$$A_F(j\omega) = \frac{v_c(j\omega)}{v_d(j\omega)} = \frac{\dfrac{1}{j\omega C}}{R+\dfrac{1}{j\omega C}} = \frac{\dfrac{1}{RC}}{j\omega+\dfrac{1}{RC}}$$

改为拉普拉斯变换形式，用 s 代替 $j\omega$，得

$$A_F(s) = \frac{\dfrac{1}{RC}}{s+\dfrac{1}{RC}} = \frac{\dfrac{1}{\tau}}{s+\dfrac{1}{\tau}} = \frac{1}{s\tau+1} \tag{8-10}$$

式中，$\tau = RC$ 为滤波器时间常数。

无源比例积分滤波器如图 8-11b 所示，其传递函数为

$$A_F(s) = \frac{u_c(s)}{u_d(s)} = \frac{R_2+\dfrac{1}{sC}}{R_1+R_2+\dfrac{1}{sC}} = \frac{s\tau_2+1}{s(\tau_1+\tau_2)+1} \tag{8-11}$$

式中，$\tau_1 = R_1 C$，$\tau_2 = R_2 C$。

有源比例积分滤波器如图 8-11c 所示。在运算放大器的输入电阻和开环增益趋于无穷大的情况下，其传递函数为

$$A_F(s) = \frac{u_c(s)}{u_d(s)} = \frac{R_2+\dfrac{1}{sC}}{R_1} = \frac{s\tau_2+1}{s\tau_1} \tag{8-12}$$

式中，$\tau_1 = R_1 C$，$\tau_2 = R_2 C$。

若将式（8-11）中的复频率 s 用微分算子 p 替换，则可得描述滤波器激励和响应之间关系的微分方程为

$$v_c(t) = A_F(p)v_d(t) \tag{8-13}$$

由式（8-13）可得环路滤波器的电路模型，如图 8-12 所示。

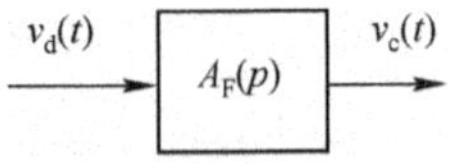

（3）压控振荡器

压控振荡器受环路滤波器输出电压 $v_c(t)$ 的控制，使振荡频率向输入信号的频率靠拢，直至两者的频率相同，使得 VCO 输出信号的相位和输入信号的相位保持某种关系，达到相位锁定的目的。

图 8-12　环路滤波器数学模型

在一般情况下，压控振荡器的振荡频率随控制电压变化的特性是非线性的，如图 8-13 所示。图上的中心点频率 ω_0 是在没有外加控制电压时的固有振荡频率。在一定范围内，$\omega(t)$ 与 $v_c(t)$ 是成线性关系的，可用下式表示：

$$\omega(t) = \omega_0 + A_\omega u_c(t) \tag{8-14}$$

式中，ω_0 为压控振荡器的中心频率；A_ω 是一个常数，其单位为 1/（s·V）或 Hz/V，它表示单位控制电压所引起的振荡角频率变化的大小。

但在锁相环路中，需要的是它的相位变化，即把由控制电压所引起的相位变化作为输出信号。由式（8-14）可求出瞬时相位为

$$\varphi_{o1}(t) = \int_0^t \omega(t)\,\mathrm{d}t = \omega_0(t) + \int_0^t A_\omega v_c(t)\,\mathrm{d}t \quad (8\text{-}15)$$

所以由控制电压所引起的相位变化，即压控振荡器的输出信号为

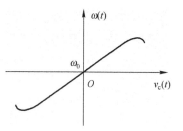

图 8-13　压控振荡器特性曲线

$$\varphi_o(t) = \varphi_{o1}(t) - \omega_0 t = \int_0^t A_\omega v_c(t)\,\mathrm{d}t \quad (8\text{-}16)$$

由此可见，压控振荡器在环路中起了一次理想积分作用，因此压控振荡器也被称为环路中的一个固有积分环节。

若将式（8-16）中的积分改用微分算子 $p = \dfrac{\mathrm{d}}{\mathrm{d}t}$ 的倒数来表示，则有

$$\varphi_o(t) = \frac{A_\omega}{p} v_c(t) \tag{8-17}$$

因此，VCO 的数学模型如图 8-14 所示。

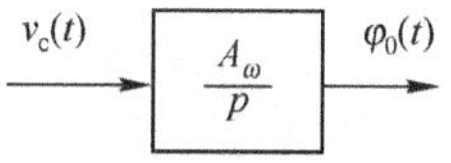

将上述鉴相器、环路滤波器与压控振荡器的数学模型代换到基本锁相环中，便可得出锁相环路的数学模型，如图 8-15 所示。根据此图，即可得出锁相环路的基本方程为

图 8-14　压控振荡器
数学模型

$$\varphi_o(s) = \left[\varphi_i(s) - \varphi_o(s)\right] A_d \cdot A_F(p) \cdot A_\omega \frac{1}{s} \tag{8-18}$$

或写成

$$F(s) = \frac{\phi_o(s)}{\phi_i(s)} = \frac{A_d K_w A_F(p)}{s + K_d K_\omega A_F(p)} \tag{8-19}$$

式中，$F(s)$ 表示整个锁相环路的闭环传递函数。它表示在闭环条件下，输入信号的相角 $\varphi_i(s)$ 与 VCO 输出信号相角 $\varphi_o(s)$ 之间的关系。

相角 $\varphi_e(s) = \varphi_i(s) - \varphi_o(s)$ 表示误差，因此

$$F_e(s) = \frac{\varphi_e(s)}{\varphi_i(s)} = 1 - \frac{\varphi_o(s)}{\varphi_i(s)} = 1 - F(s)$$

$$= \frac{s}{s + A_d A_\omega A_F(p)} \tag{8-20}$$

它表示在闭环条件下，$\varphi_i(s)$ 与误差相角 $\varphi_o(s)$ 之间的关系。

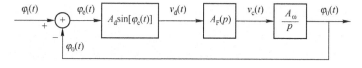

图 8-15　锁相环路的数学模型

8.3.2　锁相环路捕捉与跟踪

当没有输入信号时，VCO 以自由振荡频率 ω_o 振荡。如果环路有一个输入信号 $v_i(t)$，那么开始时，输入频率总是不等于 VCO 的自由振荡频率，即 $\omega_i \neq \omega_o$。这时如果 ω_i 和 ω_o 相差不大，那么在适当范围内，鉴相器输出一误差电压，经环路滤波器变换后控制 VCO 的频率，

可使其输出频率 ω_o 变化到接近 ω_i，直到相等，而且两信号的相位误差为 φ_e（常数），这叫环路锁定。从信号的加入到环路锁定以前叫环路的捕捉过程。环路锁定以后，当输入相位 φ_i 有一定变化时，鉴相器可鉴出 φ_i 与 φ_o 之差，产生一个正比于这个相位差的电压，并反映相位差的极性，经过环路滤波器变换去控制 VCO 的频率，使 φ_i 改变，减少它与 φ_i 之差，保持到 $\omega_\text{i} = \omega_\text{o}$，相位差为 φ，这一过程叫作环路跟踪过程。开始时 $f_\text{i} < f_\text{o}$，环路处于失锁状态。加大输入信号频率 f_i，用双踪示波器观察压控振荡器的输出信号和环路的输入信号，当两个信号由不同步变成同步，且 $f_\text{i} = f_\text{o}$ 时，表示环路已经进入锁定状态。

设压控振荡器的自由振荡频率与输入的基准信号频率相差较远，这时环路未处于锁定状态。随着基准频率 f_i 向压控振荡器频率 f_o 靠拢（或反之使 f_o 向 f_i 靠拢），达到某一频率，例如 f_1，这时环路进入锁定状态，即系统入锁。一旦入锁后，压控频率就等于基准频率，且 f_o 随 f_i 变化，这就称为跟踪。这时，若继续增加 f_i，当 $f_\text{i} > f'_2$ 时，压控振荡频率 f_o 不再受 f_i 的牵引而失锁，又回到其自由振荡频率。但反之，若降低 f_i，则当 f_i 回到 f'_2 时，环路并不入锁。这时，如继续降低 f_i，f_o 也有一段跟踪 f_i 的范围。直到 f_i 降到一个低于 f_1 的频率 f'_1 时，环路才失锁。而反过来又要在 f_1 处才入锁。将 $f_1 \sim f_2$ 之间的范围称为环路的捕捉带，而 $f'_1 \sim f'_2$ 之间的范围称为同步带，如图 8-16 所示。

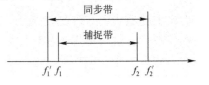

图 8-16　环路的同步带和捕捉带

8.3.3　锁相环路的应用

1. 集成锁相环路

集成锁相环路性能优良，价格便宜，使用方便，在电子技术的各领域中应用极为广泛，已成为电子设备中常用的一种基本部件。集成锁相环路按其用途可分为通用型和专用型两种。通用型是一种适应于各种用途的锁相环路，其内部电路主要由鉴相器和压控振荡器两部分组成，有时还附有放大器和其他辅助电路，环路滤波器一般需外接滤波元件。也有用单独的集成鉴相器和集成压控振荡器连接成的锁相环路。专用型是一种专为某种功能设计的锁相环路，例如用于调频接收机中的调频立体声解调环路，彩色电视机中的色同步环、行振荡环及频率合成器的一些部件等，就属于这种类型的锁相环路。按照最高工作频率的不同，锁相环可分成低频（1 MHz 以下）、高频（1~30 MHz）、超高频（30 MHz 以上）几种类型。下面介绍几种通用型集成锁相环路。

（1）高频单片集成锁相环路 L562

L562 是工作频率可以达 30 MHz 的多功能单片集成锁相环路，其框图如图 8-17 所示。它包括鉴相器、压控振荡器、环路滤波器、限幅器和三个缓冲放大器。VCO 采用射极耦合多谐振荡电路，它的最高振荡频率可达 30 MHz。限幅器用来限制锁相环路的直流增益。输入信号从 11、12 脚输入，VCO 的输出经外电路从 2、15 脚双端输入，13、14 脚用来外接滤波元件，5、6 脚之间外接定时电容，7 脚注入的信号用来改变 VCO 的控制电压，控制 VCO 的振荡角频率。

（2）超高频单片集成锁相环路 L564

L564 的工作频率高达 50 MHz，是一块超高频单片集成锁相环路，由输入限幅器、鉴相器、压控振荡器、放大器、直流恢复电路和施密特触发器六大部分组成，可用于高速调制解调、频移键控信号 FSK 的接收与解调、频率合成等多种用途。

2. 锁相环路的应用

（1）锁相环路的基本特性

锁相环路在正常工作（状态锁定）时，具有以下基本特性。

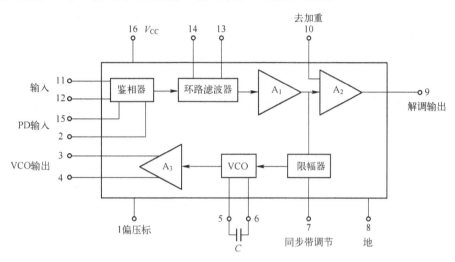

图 8-17　L562 高频集成锁相环路

1）良好的窄带滤波特性。当压控振荡器的输出频率锁定在参考频率上时，由于信号频率附近的干扰成分将以低频干扰的形式进入环路，绝大部分的干扰会受到环路滤波器低通特性的抑制，从而减少了对压控振荡器的干扰作用。所以，环路对干扰的抑制作用就相当于一个窄带的高频带通滤波器，其通带可以做得很窄（如在数百兆赫兹的中心频率上，带宽可做到几赫兹）。不仅如此，还可以通过改变环路滤波器的参数和环路增益来改变带宽，作为性能优良的跟踪滤波器，用以接收信噪比低、载频漂移大的空间信号。

2）良好的跟踪特性。一个已锁定的环路，当输入信号频率 f_i 稍有变化时，VCO 的频率 f_0 立即发生相应的变化，最终使 $f_i=f_0$。这种使 VCO 频率 f_0 随输入信号频率 f_i 变化的性能，称为环路跟踪特性。锁相环路可实现无误差的频率跟踪。若输入为调角波信号，则通过对环路滤波器带宽的控制，可以实现跟踪输入信号载波频率变化的载波跟踪型环路或跟踪输入信号中反映调制规律的频率（或相位）变化的调制跟踪型环路。

3）锁定后没有频差。在没有干扰且输入信号频率不变的情况下，环路一经锁定，环路的输出信号频率和输入信号频率相等，没有剩余频差，只有不大的固定相差。

4）易于集成化。锁相环的基本部件都易于采用模拟集成电路。环路实现数字化后更易于采用数字集成电路。环路集成化为减小体积、降低成本、提高可靠性等提供了条件。

（2）锁相鉴频电路

用锁相环路可实现调频信号的解调，其原理框图如图 8-18 所示。如果将环路的频带设计得足够宽，则环路入锁后，压控振荡器的振荡频率跟随输入信号的频率而变。若压控振荡器的电压-频率变换特性是线性的，则加到压控振荡器的电压，即环路滤波器输出电压的变化规律必定与调制信号的规律相同，故从环路滤波器的输出端可得到解调信号。用锁相环进行已调频波解调是利用锁相环路的跟踪特性，这种电路称为调制解调型环路。为了实现不失真的解调，要求锁相环路的捕捉带必须大于调频波的最大频偏，环路带宽必须大于调频波中输入调制信号的频谱宽度。

如图 8-19 所示为使用 L562 组成的锁相鉴频器的外接电路。由图可见，输入调频信号电压 v_i 经耦合电容 C_4、C_5 以平衡方式加到鉴相器的一对输入端点 11 和 12 上，VCO 的输出电压从端点 3 取出，经耦合电容 C_6 以单端方式加到鉴相器的另一对输入端中的端点 2，而另一端点 15 则经 0.1μF 的电容交流接地。从端点 1 取出的

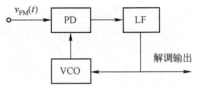

图 8-18　锁相环鉴频器框图

稳定基准电压经 1kΩ 电阻分别加到端点 2 和 15，作为集成块内部双差分对管的基极偏置电压。放大器 A3 的输出端点 4 外接 12kΩ 电阻到地，其上输出 VCO 电压。放大器 A_2 的输出端点 9 外接 15kΩ 电阻到地，其上输出解调电压。端点 10 外接去加重电容 C_3，提高解调电路的抗干扰性。

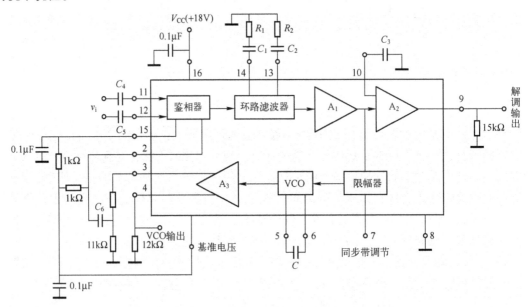

图 8-19　采用 L562 的锁相鉴频器的外接电路

（3）锁相调频电路

在普通的直接调频电路中，振荡器的中心频率稳定度较差，而采用晶体振荡器的调制电路，其调频范围又太窄。采用锁相环的调频器可以解决这个矛盾，其锁相调频原理框图如图 8-20 所示。锁相环路使 VCO 的中心频率稳定在晶振频率上，同时调制信号也加到 VCO 上，对中心频率进行频率调制，得到 FM 信号输出。调制信号的频谱应处于 LF 的通带之外，并且调频系数不能太大。调制信号不能通过 LF，因此不形成调制信号的环路，这时的锁相环仅仅是载波跟踪环，调制频率对锁相环路无影响。锁相环路只对 VCO 的平均中心频率的不稳定因素起作用，此不稳定因素引起的波动可以通过 LF。这样，锁定后，VCO 的中心频率锁定在晶

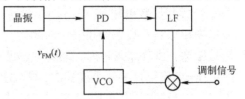

图 8-20　锁相环调频器框图

振频率上。实现锁相调频的条件是调制信号的频谱要处于低通滤波器通带之外，使压控振荡器的中心频率锁定在稳定度很高的晶振频率上，而随输入信号的变化，振荡频率可以发生很大偏移。这种锁相环路称为载波跟踪型锁相环路。

（4）调幅波的同步检波

对 DSB 及 SSB 调幅信号进行解调时，必须使用同步检波，即必须保证本振产生的载波信号与调幅信号中的载波信号同频同相。此外，在数字通信中还有位同步、帧同步、网同步等。可见，同步信号的产生是非常重要的。一般情况下，用载波跟踪型锁相环路就能得到这样的信号，如图 8-21 所示。不过采用模拟乘法器构成乘积型鉴相器时，VCO 输出电压与输入已调信号的载波电压之间有 90°的固定相移，因此，必须加 90°相移器使 VCO 的输出电压与输入已调信号的载波电压同相。将这个信号与输入已调信号共同加到同步检波器上，就可得到所需的解调电压。

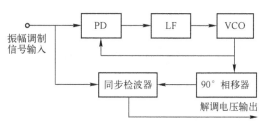

图 8-21　锁相环同步检波框图

8.4　Multisim 仿真实例

1. 锁相环鉴频器电路仿真

锁相环路是一种以消除频率误差为目的的自动控制电路，但它不是直接利用频率误差信号电压，而是利用相位误差信号电压来消除频率误差的。

以 Multisim 14 元件库中的锁相环模块为例，构建锁相环鉴频仿真电路如图 8-22 所示。其中，V1 为一个调频信号，并用四踪示波器分别观察锁相环的 PLLin 端、PDin 端和 LPFout 端，接一个频率计 XFC1 在鉴频输出段，用来测量输出信号的频率。

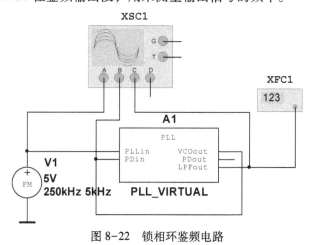

图 8-22　锁相环鉴频电路

双击锁相环模块，打开其设置对话框，对其进行相应的设置。如图 8-23 所示。

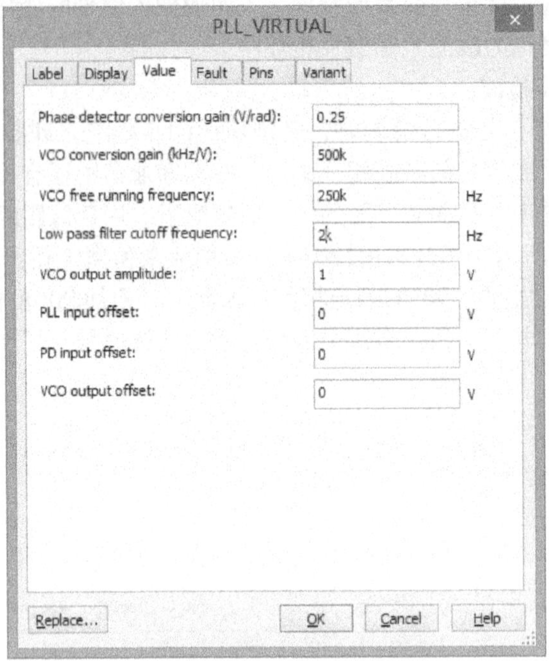

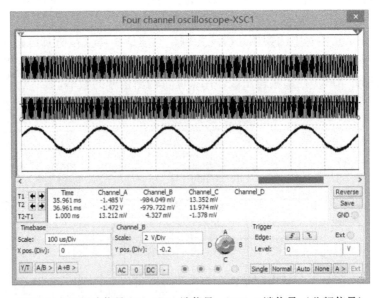

图 8-23　锁相环模块设置对话框

　　仿真后示波器上显示的波形如图 8-24 所示。显示通道从上到下显示波形的顺序是：A，调频波信号 V1；B，PDin 端信号；C，LPFout 端信号（鉴频信号）。频率计 XFC1 上显示的频率是 5.011 kHz，如图 8-25 所示，与调制信号一致。可以看到利用锁相环模块可以很好地实现鉴频功能。

图 8-24　调频波信号 V1、PDin 端信号、LPFout 端信号（鉴频信号）

2. 锁相环鉴相器电路仿真

因为 Multisim 电源库中没有调相信号，而由于调频信号与调相信号的关联性，所以用调频信号代替调相信号进行锁相环鉴相的仿真，对仿真结果进行相应的变换，即可得到鉴相信号。锁相环鉴相仿真电路如图 8-26 所示，用四踪示波器分别观察锁相环的 PLLin 端、PDin 端和 LPFout 端以及低通滤波器的输出端。接一个频率计 XFC1 在低通滤波器的输出端，用以测量鉴相输出信号的频率。

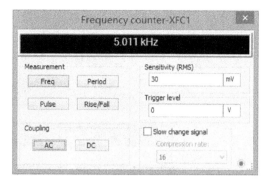

图 8-25　频率计上显示的频率

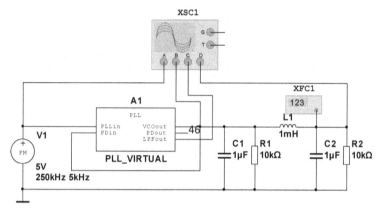

图 8-26　锁相环鉴相器仿真电路

双击锁相环模块，打开设置对话框，进行相应的设置，如图 8-27 所示。

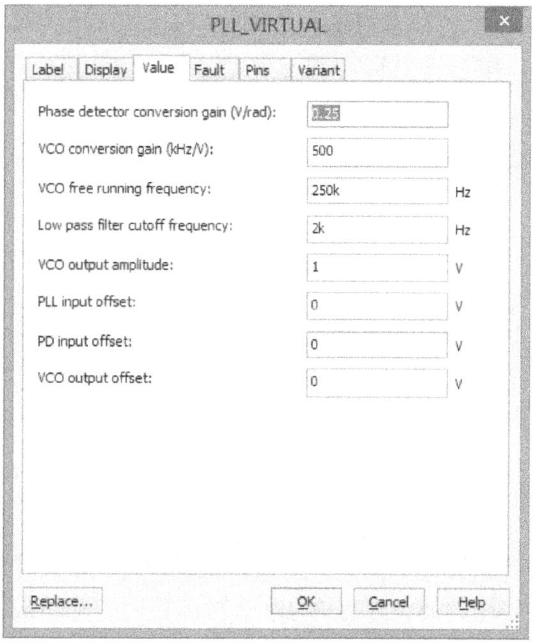

图 8-27　锁相环模块设置对话框

仿真后示波器上显示的波形如图 8-28 所示。显示通道从上到下显示波形的顺序是：A 通道测量调频（也可看成调相）波信号 V1；B 通道测量 PDin 端信号；C 通道测量 LPFout 端信号（鉴频信号）；D 通道测量低通滤波器的输出端（即鉴相信号）。

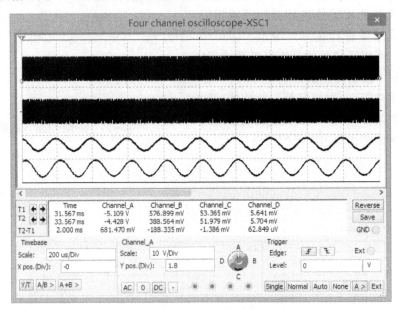

图 8-28　调频（也可看成调相）波信号 V1、PDin 端信号、LPFout 端信号
（鉴频信号）、低通滤波器的输出端（即鉴相信号）

频率计 XFC1 上显示的频率是 5.07 kHz，如图 8-29 所示，与调制信号一致。可以看到利用锁相环模块可以很好地实现鉴频功能。

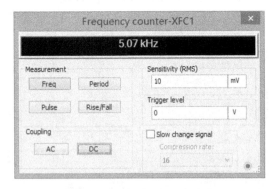

图 8-29　频率计上显示的频率

习题

1. 锁相与自动频率微调有何区别？为什么说锁相环相当于一个窄带跟踪滤波器？
2. 在锁相环路中，常用的滤波器有哪几种？写出它们的传递函数。
3. 试分析锁相环路的同步带和捕捉带之间的关系。

4. 为什么把压控振荡器输出的瞬间相位作为输出量？为什么说压控振荡器在锁相环中起了积分的作用？

5. 试画出锁相环路的框图，并回答以下问题：

（1）环路锁定时压控振荡器的频率 ω_0 和输出信号频率 ω_i 之间是什么关系？

（2）在鉴相器中比较的是何种参量？

6. 写出锁相环的数学模型及锁相环路的基本方程式。

7. 画出锁相环用于调频的框图，并分析其工作原理。

8. 画出锁相环路用于鉴频的框图，并分析其工作原理。

9. 为什么用锁相环接收信号可以相当于一个 Q 值很高的带通滤波器？

10. 举例说明锁相环路的应用。

第9章 高频电子线路仿真软件 Multisim 简介

Multisim 是美国国家仪器（NI）有限公司推出的电子电路仿真和设计软件，目前在电路分析、仿真与设计等应用中使用较为广泛。该软件以图形界面为主，可以交互式地搭建电路原理图；采用菜单栏、工具栏和热键相结合的方式，具有一般 Windows 应用软件的界面风格，用户可以根据自己的习惯和熟练程度自如使用。Multisim 提炼了 SPICE 仿真的复杂内容，可以很快地进行捕获、仿真和分析新的设计。软件包含多种可放置到设计电路中的虚拟仪表，使电路的仿真分析操作更符合工程技术人员的工作习惯，使其可以完成从理论到原理图捕获与仿真再到原型设计和测试这样一个完整的综合设计流程。

Multisim 的主要功能特点如下：

（1）直观的图形界面

整个操作界面就像一个电子实验工作台，绘制电路所需的元器件和仿真所需的测试仪器均可直接拖放到屏幕上，轻点鼠标可用导线将它们连接起来，软件仪器的控制面板和操作方式都与实物相似，测量数据、波形和特性曲线如同在真实仪器上看到的。

（2）丰富的元器件

提供了世界主流元件提供商的超过 17000 多种元器件，同时能方便地对元器件各种参数进行编辑修改，能利用模型生成器以及代码模式创建模型等功能，创建自己的元器件。

（3）强大的仿真能力

以 SPICE3F5 和 Xspice 的内核作为仿真的引擎，通过 Electronic workbench 带有的增强设计功能将数字和混合模式的仿真性能进行优化。包括 SPICE 仿真、RF 仿真、MCU 仿真、VHDL 仿真、电路向导等功能。

（4）丰富的测试仪器

提供了 22 种虚拟仪器进行电路动作的测量，这些仪器的设置和使用与真实的一样，动态交互显示。除了 Multisim 提供的默认仪器，还可以创建 LabVIEW 的自定义仪器，使得在图形环境中可以灵活地、可升级地测试、测量及控制应用程序的仪器。

（5）完备的分析手段

Multisim 提供了许多分析功能，如交流分析、瞬态分析等，它们利用仿真产生的数据执行分析，分析范围很广，并可以将一个分析作为另一个分析的一部分自动执行。集成 LabVIEW 和 Signalexpress 快速进行原型开发和测试设计，具有符合行业标准的交互式测量和分析功能。

（6）独特的射频（RF）模块

提供基本射频电路的设计、分析和仿真。射频模块由 RF-specific（特殊射频元件，包括自定义的 RF SPICE 模型）、用于创建用户自定义的 RF 模型的模型生成器、两个 RF-specific 仪器（Spectrum Analyzer 频谱分析仪和 Network Analyzer 网络分析仪）、一些 RF-specific

分析（电路特性、匹配网络单元、噪声系数）等组成。

（7）强大的 MCU 模块

支持 4 种类型的单片机芯片，支持对外部 RAM、外部 ROM、键盘和 LCD 等外围设备的仿真，分别对 4 种类型芯片提供汇编和编译支持；所建项目支持 C 代码、汇编代码以及十六进制代码，并兼容第三方工具源代码；包含设置断点、编辑内部 RAM、特殊功能寄存器等高级调试功能。

最新版本的 Multisim 14 进一步增强了强大的仿真技术，新增的功能包括全新的参数分析、与新嵌入式硬件的集成以及通过用户可定义的模板简化设计，而且 Multisim 标准服务项目客户还可参加在线自学培训课程。本章主要介绍 Multisim 14 的使用方法及其在高频电子线路仿真实验与分析中的应用。

9.1　Multisim 14 的使用方法

Multisim 14 与 Windows 的操作界面相似，以图形界面为主，采用菜单、工具栏和热键相结合的方式，具有一般 Windows 应用软件的界面风格。

9.1.1　Multisim 14 的主窗口界面

启动 Multisim 14 后，将出现如图 9-1 所示的主界面，其基本操作界面包括电路工作区、菜单栏、工具栏、扩展条、元器件列表等。通过对各部分的操作可以实现电路的输入、编辑，并根据需要对电路进行相应的观测和分析。用户可以通过菜单或工具栏改变主窗口的视图内容。下面对各部分加以简要说明。

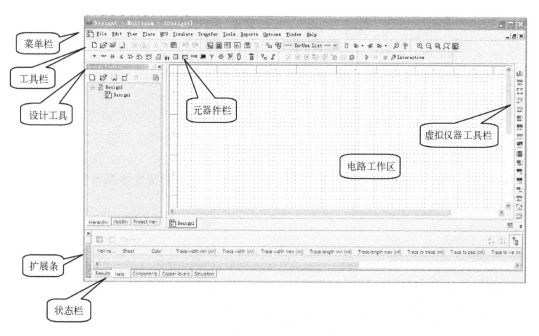

图 9-1　Multisim 14 主窗口界面

9.1.2 菜单栏

菜单栏如图 9-2 所示，位于界面的上方，通过菜单可以对 Multisim 14 的所有功能进行操作。

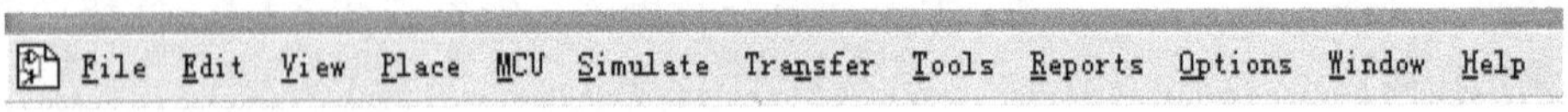

图 9-2 菜单栏

1）File 菜单：提供打开、新建、关闭、保存文件等操作命令。

2）Edit 菜单：提供类似于图形编辑软件的基本编辑功能，如复制、剪贴、删除等。用于对电路图进行编辑。

3）View 菜单：提供对一些工具栏和窗口进行设置的命令。如全屏显示、缩放基本操作界面、绘制电路工作区的显示方式，以及扩展条、工具栏、电路的文本描述、工具栏是否显示。

4）Place 菜单：提供绘制仿真电路所需的元器件、节点、导线、各种连接接口以及文本框、标题栏等文字内容。

5）MCU 菜单：MCU（微控制器）菜单，提供在电路工作窗口内 MCU 的调试操作命令。

6）Simulate 菜单：提供启停电路仿真所需的各种仪器仪表；提供对电路的各种分析；设置仿真环境以及 Pspice、VHDL 等仿真操作。

7）Transfer 菜单：提供仿真电路的各种数据与 Uitiboard8 和其他 PCB 软件的数据互相传送的功能。

8）Tools 菜单：主要提供各种常用电路如放大电路、滤波器、555 时基电路的快速创建向导。用户也可以通过 Tools 菜单快速创建自己想要的电路。另外，各种电路元器件都可以通过 Tools 菜单修改其外部形状。

9）Reports 菜单：主要用于产生指定元器件存储在数据库中的所有信息和当前电路窗口中所有元器件的详细参数报告。

10）Options 菜单：使用户根据自己的需要设置电路功能、存放模式以及工作界面。

11）Window 菜单：提供对一个电路的各个多页子电路以及各个不同的仿真电路进行浏览、设置的功能。

12）Help 菜单：提供帮助命令，单击 Help 窗口，其中含有帮助主题目录、帮助主题索引以及版本说明等选项。

9.1.3 工具栏

Multisim 14 提供了多种工具栏，并以层次化的模式加以管理，用户可以通过 View 菜单中的选项方便地设置顶层工具栏中的按钮，并管理和控制下层工具栏。通过工具栏，用户可以方便地使用软件的各项功能。

常用的工具栏有 Standard（标准）工具栏、Components（设计）工具栏、Instruments（虚拟仪器仪表）工具栏、Simulation（仿真）工具栏、View（视图查看）工具栏。

1）Standard（标准）工具栏：包括了常见的文件操作和编辑操作，如保存文件、打印等功能，如图 9-3 所示。

图 9-3　标准工具栏

2）Components（设计）工具栏：设计工具栏是 Multisim 14 的核心工具栏，如图 9-4 所示。通过对该工具栏按钮的操作可以完成对电路设计的全部工作，其中的按钮可以直接开关下层的工具栏来完成对各种元器件的选择。该工具栏有 20 个按钮，每个按钮都对应一类元器件，其分类方式和 Multisim 14 元器件数据库中的分类对应，通过按钮上的图标就可以大致清楚该类元器件的类型。具体的内容可以从 Multisim 14 的在线文档中获取。

图 9-4　设计工具栏

3）Instruments（虚拟仪器仪表）工具栏：如图 9-5 所示，集中了 Multisim 14 为用户提供的所有虚拟仪器仪表，用户可以通过按钮选择自己需要的仪器对电路进行观测。

图 9-5　虚拟仪器仪表工具栏

4）Simulation（仿真）工具栏：如图 9-6 所示，可以控制电路仿真的开始、结束和暂停。

5）View（视图查看）工具栏：如图 9-7 所示，用户可以通过此栏方便地调整所编辑电路的视图大小。

图 9-6　仿真工具栏　　　　图 9-7　视图查看工具栏

9.2　Multisim 14 的元器件库与电路管理

9.2.1　Multisim 14 的元器件库

EDA 软件所能提供的元器件数量多少以及元器件模型的准确性都直接决定了该 EDA 软件的质量和易用性。Multisim 14 为用户提供了丰富的元器件，并以开放的形式管理元器件，使得用户能够自己添加所需的元器件。

Multisim 14 以库的形式管理元器件，通过菜单"Tools"→"Database"对元器件库进行管理。单击 Database 后，出现共有 4 个选项的子菜单，它们的功能如下：

1）Database Manager：对 user 元器件库中的元器件进行编辑。

2）Save Component to database：将电路工作区中根据用户需要修改过的 Master 元器件库中的元器件保存到相应的元器件库中。

3）Merge database：合并其他用户的数据库到自己的数据库中。

4）Convert database：将以前版本的用户自定义的元器件转换成当前版本的格式，用于当前版本软件中。

Multisim 14 中包含的元器件库有电源库、基本元器件库、二极管、晶体管、模拟元器件库、TTL 元器件库、CMOS 元器件库、其他数字元器件库（Miscellaneous Digital）、混合芯片卡、指示部件库（Indicators）、功率组件（Power Component）、其他部件库（Miscellaneous）、外围设备库（Advanced Peripherals）、射频部件库（RF）、机电类元器件库（Electro Mechanical）、微处理器库（MCU）等。

9.2.2 电路编辑

输入电路图是分析和设计工作的第一步，用户从元器件库中选择需要的元器件放置在电路图中并连接起来，为分析和仿真做准备。

（1）设置 Multisim 14 的通用环境变量

为了适应不同用户的需求和用户习惯，用户可以用菜单"Edit"→"Properties"打开"Sheet Properties"对话框，如图 9-8 所示。

通过该对话框的 7 个选项卡，用户可以设置编辑界面颜色、电路显示、导线宽度等。

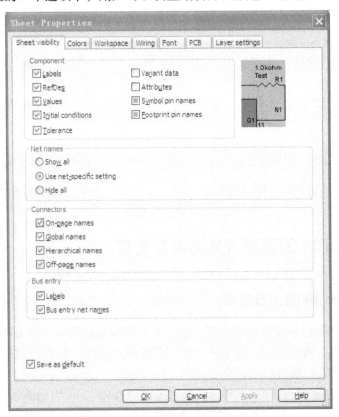

图 9-8　"Sheet Properties"对话框

（2）取元器件

在 Multisim 14 中有两种取元器件的方法，可以从工具栏中或者从菜单中取用。下面以选取直流电压源为例说明这两种取法。

① 从工具栏中取用。

先选择"Components"（设计）工具栏，然后在菜单栏中单击"Place Source"按钮通过"Database"库→"Master Database"（主数据库）→"Group"（分组）→"Sources"（电源）→"Component"（元器件）→"DC_POWER"（直流电压源）命令选取直流电压源，最后单击"OK"按钮。按下"Place Source"按钮会弹出如图 9-9 所示的"Select a Component"（选择需要放置的元器件）窗口。双击所选择的元器件可以对其进行相应的参数设置，如图 9-10 所示。

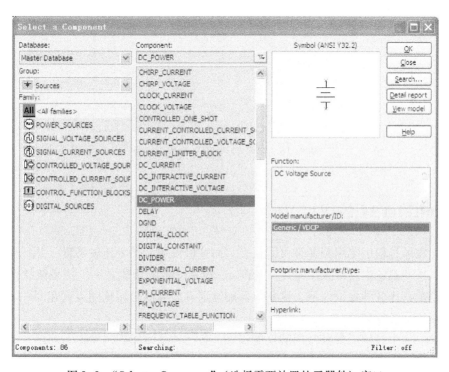

图 9-9 "Select a Component"（选择需要放置的元器件）窗口

② 从菜单中取用。

通过"Place"→"Component"命令打开如图 9-9 所示的"Select a Component"窗口，其他设置与上述从工具栏中取用方法一样。

（3）将元器件连接成电路

在将电路需要的元器件放置在电路编辑窗口后，用鼠标就可以方便地将元器件连接起来。将鼠标指针靠近需要连接的元器件引脚，鼠标指针会自动转变为"+"，此时单击鼠标左键后松开，鼠标会保持"+"的形状，然后拖动鼠标到需要连接的元器件的引脚处，再单击鼠标左键，则系统会自动完成元器件两个引脚之间的连线。

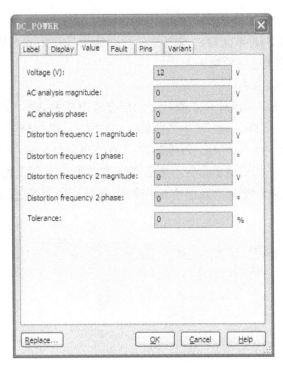

图 9-10 "DC_POWER" 属性对话框

9.3 Multisim 14 的虚拟仪器

在实际实验过程中要用到各种仪器仪表，而这些仪表大部分比较昂贵，并且存在着损坏的可能性，这些都给实验带来了难度。Multisim 最具特色的功能之一，便是该软件中带有各种用于电路测试任务的虚拟仪器，这些仪器能够逼真地与电路原理图放置在同一个操作界面里，对实验进行各种测试。

Multisim 14 中提供了多种常用的仪器仪表，包括数字万用表（Multimeter），函数信号发生器（Function Generator），功率计（Wattmeter），双通道示波器（Oscilloscope）、四通道示波器（Four Channel Oscilloscope），波特图仪（Bode plotter），频率计（Frequency Counter），字信号发生器（Word Generator），逻辑分析仪（Logic Analyzer），伏安特性分析仪（IV-Analyzer），失真分析仪（Distortion Analyzer），频谱分析仪（Spectrum Analyzer），网络分析仪（Network Analyzer），安捷伦万用表（Agilent Multimeter），安捷伦示波器（Agilent Oscilloscope），Tektronix 示波器和实时测量探针等。这些虚拟仪器仪表的参数设置、使用方法及外观设计与实验室中的真实仪器基本一致，可用于模拟、数字、射频等电路的测试。在 Multisim 14 中单击"Simulate"→"Instruments"后，便可以使用它们。下面介绍几个常用的虚拟仪器仪表操作方法。

9.3.1 仪器仪表的基本操作

选用仪器时，可用鼠标将仪器库中被选用的仪器图标（见图 9-5）拖放到电路窗口，然后将仪器图标中的连接端与相应电路的连接点相连。

设置仪器参数时，用鼠标双击仪器图标，便会打开仪器面板。对话框的数据设置可使用鼠标操作仪器面板上的参数。例如，调整参数时，可根据测量或观察结果改变仪器参数的设置。

9.3.2 数字万用表

数字万用表能够完成交直流电压、交直流电流、电阻及电路中两点之间的分贝（dB）损耗的测量。与实体万用表相比，其优势在于能够自动调整量程。

图 9-11 中分别为数字万用表的图标和操作界面。图标中的+、−两个端子用来与待测设备的端点相连。将它与待测设备连接时应注意以下两点。

1）在测量电阻和电压时，应与待测的端点并联。

2）在测量电流时，应串联在待测电路中。

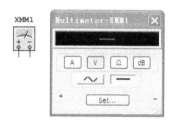

图 9-11　数字万用表

数字万用表的具体使用步骤如下。

1）单击数字万用表工具栏按钮，将其图标放置在电路工作区，双击图标打开仪器。

2）按照要求将仪器与电路相连，并在界面中选择测量所用的选项（选择测量电压、电流或电阻等）。

如图 9-12 所示，仪器的界面上各个按钮从左向右分别对应测量电流、测量电压、测量电阻、测量分贝值。

图 9-12　数字万用表类型选择

另外，单击按钮 ～ ，表示选择测量交流，其测量值为有效值（RMS）；单击按钮 — ，表示选择测量直流，如果使用该项来测量交流的话，那么它的测量值为实际交流值的平均。

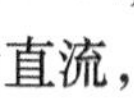

按钮 Set… 用来对数字万用表的内部参数进行设置。单击该按钮将出现如图 9-13 所示的对话框。

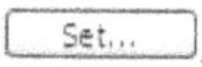

Electronic Setting 区的说明如下。

Ammeter resistance（R）：用于设置与电流表并联的内阻，该阻值的大小会影响电流的测量精度。

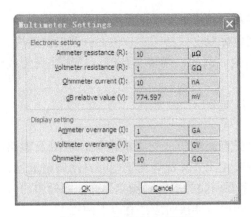

图 9-13　参数设置对话框

Voltmeter resistance（R）：用于设置与电压表串联的内阻，该阻值的大小会影响电压的测量精度。

Ohmmeter current（I）：为用欧姆表测量时流过该表的电流值。

dB relative value（V）：为用欧姆表测量时流过该表的电压值（用分贝表示）。

Display Setting 区说明如下。

AmmeterOverrange（I）：表示电流测量显示范围。

VoltmeterOverrange（V）：表示电压测量显示范围。

OhmmeterOverrange（R）：表示电阻测量显示范围。

9.3.3　函数信号发生器

函数信号发生器是可以提供正弦波、三角波、方波三种波形的信号的电压信号源。图 9-14 中从左至右分别为函数信号发生器图标和操作界面。

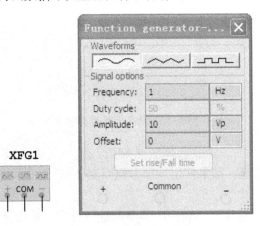

图 9-14　函数信号发生器

使用该仪器与待测设备连接应注意以下几点。

1）连接+和 Common 端子，输出信号为正极性信号，幅值等于信号发生器的有效值。

2）连接-和 Common 端子，输出信号为负极性信号，幅值等于信号发生器的有效值。

3）连接+与-端子，输出信号的幅值等于信号发生器的有效值的两倍。

4）同时连接+、Common 和-端子，且把 Common 端子接地（与公共地 Ground 符号相连），则输出的两个信号幅度相等，极性相反。

函数信号发生器具体使用步骤如下。

1）单击数字万用表工具栏按钮，将其图标放置在电路工作区，双击图标打开仪器。

2）按照要求选择仪器与电路相连的方式。

仪器界面 Waveforms 项里有三种周期信号可供选择，如图 9-14 所示，单击按钮 ⌒⌒ 代表输出电压波形为正弦波；单击按钮 ⌄⌄ 代表输出电压波形为三角波；单击按钮 ⊓⊔ 代表输出电压波形为方波。

在"Signal options"项里可对信号的频率、占空比、幅度大小以及偏置值进行设置。

Frequency：信号产生频率，其选择范围在 0.001 pHz~1000 THz。

Duty cycle：产生信号的占空比设置，其选择范围在 1%~99%。

Amplitude：产生信号的最大值设置，其可选择范围为 0.001~1000 pV。

Offset：偏置电压值设置，也就是把正弦值、三角波、方波叠加在设置的偏置电压上输出，其可选范围为-999~999 kV。

按钮 [Set rise/Fall time] 用来设置产生信号的上升和下降时间，该按钮只在产生方波时有效。单击该按钮后，弹出如图 9-15 所示的对话框。

对话框的时间设置单位下拉列表共有三个单位可选：nSec、uSec、mSec，在左边的文本内输入数值后单击 [OK] 按钮，便完成了设置。单击 [Default] 按钮，则恢复默认设置。若取消设置，则单击 [Cancel] 按钮。

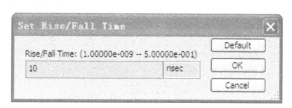

图 9-15 设置产生信号的上升和下降时间

9.3.4 示波器

示波器是电子实验中使用最为频繁的仪器之一。它可以用来显示电信号波形的形状、幅度、频率等参数。在 Multisim 14 中提供了两通道示波器和四通道示波器，下面讨论它们的使用方法。

1. 两通道示波器

两通道示波器为一种双踪示波器。如图 9-16 所示，其操作界面与波形显示如图 9-17 所示。该仪器的图标上共有 6 个端子，分别为 A 通道的正负端、B 通道的正负端和外触发的正负端。将两通道示波器与待测点连接时，要注意它的端子与待测点的连接方法，这与其他显示仪器的端子连接方法不同。

1）A、B 两个通道的正端分别只需要一根导线与待测点相连，测量的是该点与地之间的波形。

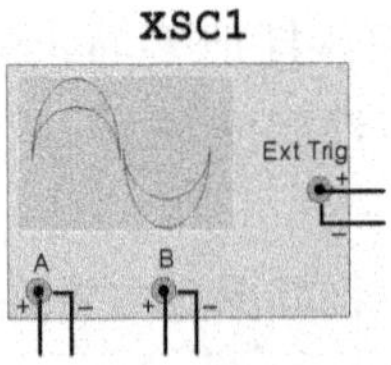

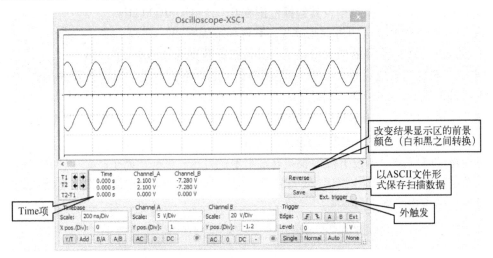

图 9-16 两通道示波器

2）若需测量器件两端的信号波形，只需将 A 或 B 通道的正负端与器件两端相连即可。
两通道示波器的操作界面介绍如下。

仪器上方的一个比较大的长方形区域为测量结果显示区。

改变结果显示区的前景颜色（白和黑之间转换）

以ASCII文件形式保存扫描数据

Time项

外触发

图 9-17　两通道示波器操作界面与波形显示

单击左右箭头 T1 ⬅➡可改变垂直光标 1 的位置。

单击左右箭头 T2 ⬅➡可改变垂直光标 2 的位置。

Time 项的数值（见图 9-19）从上到下分别为：垂直光标 1 当前位置、垂直光标 2 当前位置、两光标处电压差。

Chanel_A 项的数值从上到下分别为：垂直光标 1 处 A 通道的输出电压值、垂直光标 2 处 A 通道的输出电压值、两个光标电压差。

Chanel_B 项的数值从上到下分别为：垂直光标 1 处 B 通道的输出电压值、垂直光标 2 处 B 通道的输出电压值、两个光标电压差。

两通道示波器中其他项如图 9-18 所示，具体说明如下。

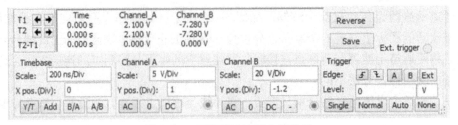

图 9-18　两通道示波器中其他项

1）Timebase 区：设置 X 轴方向时间基线位置和时间刻度值。

Scale：设置 X 轴方向每一个刻度代表的时间。单击该栏后，出现上下翻转的列表，可根据实际需要选择适当的时间刻度值。

X pos.（Div）：设置 X 轴方向时间基线的起始位置。

Y/T：代表 Y 轴方向显示 A、B 通道的输入信号，X 轴方向是时间基线，并按设置时间进行扫描，当要显示时间变化的信号波形时，才采用该方式。

Add：代表 X 轴按设置时间进行扫描，而 Y 轴方向显示 A、B 通道的输入信号之和。

B/A：代表将 A 通道信号作为 X 轴扫描信号，将 B 通道信号施加在 Y 轴上。

A/B：代表将 B 通道信号作为 X 轴扫描信号，将 A 通道信号施加在 Y 轴上。

2）Channel A 区：设置 Y 轴方向 A 通道输入信号标度。

Scale：设置 Y 轴方向 A 通道输入信号的每格代表的电压数值。单击该栏后，将出现在上下翻转列表中，根据需要选择适当值即可。

Y pos.（Div）：是指时间基线在显示屏幕中的上下位置。当值大于零时，时间基线在屏幕中线的上侧，否则在屏幕中线的下侧。

AC：代表屏幕仅显示输入信号中的交变分量（相当于电路中加入了隔直流电容）。

0：代表输入信号对地短路。

DC：代表屏幕将信号的交直流分量全部显示。

3）Channel B 区：设置 Y 轴方向 B 通道输入信号的标度。其设置与 Channel A 区相同。

4）Trigger 区：设置示波器触发方式。

⌐⌐：代表将输入信号的上升沿或下跳沿作为触发信号。

A B ：代表用 A 通道或 B 通道的输入信号作为同步 X 轴时基扫描的触发信号。

Ext：用示波器图标上触发端子 T 连接的信号作为触发信号来同步 X 轴时基扫描。

Level：设置选择触发电平的大小（单位可选），其值设置范围为 $-999\,\text{kV} \sim 999\,\text{kV}$。

Single：选择单脉冲触发。

Normal：选择一般脉冲触发。

Auto：代表触发信号来自外来信号。一般情况下使用该方式。

2. 四通道示波器

四通道示波器也是一种可以用来显示电信号波形的形状、幅度、频率等参数的仪器，其操作界面如图 9-19 所示。其使用方法与两通道示波器相似，但存在以下不同点。

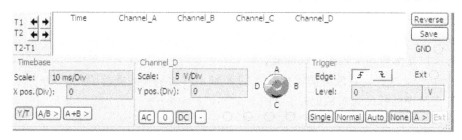

图 9-19　四通道示波器中其他项

1）将信号输入通道由 A、B 两个增加到 A、B、C、D 四个通道。

2）在设置各个通道 Y 输入信号的标度时，通过单击图 9-20 中的通道选择按钮来选择要设置的通道。

图 9-20　通道选择按钮

3）按钮 $\boxed{\text{A+B}\,\text{>}}$ 相当于两通道信号中的 Add 按钮，即 X 轴按设置时间进行扫描，而 Y 轴方向显示 A、B 通道的输入信号之和。

4）单击 $\boxed{\text{A+B}\,\text{>}}$ 按钮后，选择将 B 通道信号作为 X 轴扫描信号，A 通道信号幅度除以 B 通道信号幅度后所得信号作为 Y 轴的信号输出。

5）在 Trigger 模块中右击 $\boxed{\text{A}\,\text{>}}$ 按钮表示进行内部触发参考通道选择。

9.3.5　波特图示仪

波特图示仪可用来测量和显示电路或系统的幅频特性 $A(f)$ 与相频特性 $\varphi(f)$，类似于实验室的频率特性测试仪。

该仪器共有 4 个端子，如图 9-21 所示，两个输入端子（In）和两个输出端子（Out），IN+、IN-分别与电路输入端的正负端子相连；OUT+、OUT-分别与电路输出端的正负端子相连接。其对话框如图 9-22 所示。

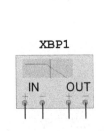

图 9-21　波特图示仪

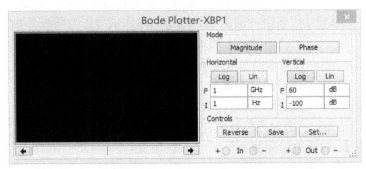

图 9-22　波特图示仪对话框

1）Mode 区：设置显示屏幕中的显示内容的类型。

Magnitude：设置选择显示幅频特性曲线。

Phase：设置选择显示相频特性曲线。

2）Horizontal 区：设置波特图示仪显示的 X 轴显示类型和频率范围。

Log：表示坐标标尺为对数的。

Lin：表示坐标标尺是线性的。

当测量信号的频率范围较宽时，用 Log（对数）标尺比较好，I 和 F 分别为 Initial（初始值）和 Final（最终值）的首字母。

如果想更清楚地了解某一频率范围内的频率特性，那么就将 X 轴频率范围设定得小一些。

3）Vertical 区：设置 Y 轴的标尺刻度类型。

Log：测量幅频特性时，单击 Log 按钮后，标尺刻度为 20Log $A(f)$ dB，$A(f) = V_{Out}/V_{In}$，Y 轴的单位为 dB（分贝）。通常都采用线性刻度。

Lin：单击该按钮后，Y 轴的刻度为线性刻度。在测量相频特性时，Y 轴坐标表示相位，单位为度，刻度是线性的。

4）Controls 区。

Reverse：设置背景颜色，在黑或者白之间切换。

Save：将测量值以 BOD 格式存储。

Set...：设置扫描分辨率，单击该按钮，将出现如图 9-23 所示的对话框。

← →：用来调整显示屏幕的显示位置，单击按钮可进行左右调整。

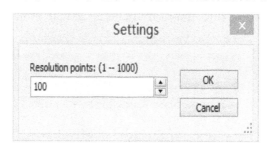

图 9-23　设置扫描分辨率

波特图示仪本身是没有信号源的，所以在使用该仪器时应在电路的输入端口接入一个交流信号源或者函数信号发生器，且不必对其参数进行设置。注意：波特图示仪不同于其他测试仪器，如果波特图示仪接线端被移到不同的节点，那么为了确保测量结果的准确性，最好重新恢复一下电路。

9.3.6　频率计数器

频率计数器的功能在于测量信号的频率。使用该仪器时只需单击仪器工具栏上的频率计数器图标，将其放置在工作区即可。双击该图标，便可以打开其使用界面，如图 9-24 所示。

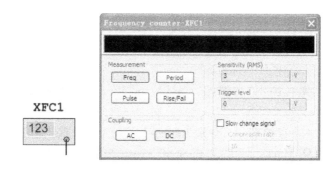

图 9-24　频率计数器

从图 9-26 可以看到该仪器的使用界面主要分为如下 5 个区。

1）结果显示屏幕，用于显示测量结果频率。

2）Measurement 区：选择测量内容。Freq 代表测量频率，Period 代表测量周期，Pulse 代表测量正、负脉冲持续时间，Rise/Fall 代表测量单个循环周期的上升和下降时间。

3）Coupling 区：用于设置显示内容。

AC 代表只显示信号交流元素。

DC 代表显示信号的交流和直流信号的叠加。

4）Sensitivity（RMS）。

5）Trigger level。

9.3.7 安捷伦与泰克仪器

1. 安捷伦信号发生器

安捷伦信号发生器的图标和使用界面分别如图 9-25a、b 所示。

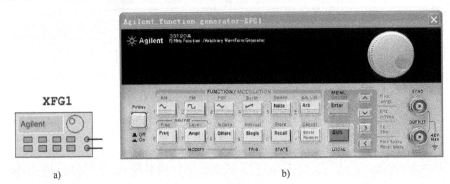

图 9-25 安捷伦信号发生器
a）图标 b）内部参数设置控制面板

安捷伦信号发生器使用步骤如下。

1）单击安捷伦信号发生器图标，将其放置在工作区，双击图标打开仪器，并单击仪器的电源开关。

2）将图标按照图 9-26a 的引脚连接方法连到电路中去。安捷伦信号发生器包括以下特征。

标准波形包括：正弦（Sine）、方波（Square）、三角波（Triangle）、斜面（Ramp）、噪声（Noise）、直流电压（DC volts）。

系统任意波形包括：Sinc、负斜面（Negative Ramp）、升指数（Exponential Rise）、降指数（Exponential Fall）、心脏形（Cardiac）。

调制方式包括：无（NON）、调幅（AM）、调频（FM）、Burst、频移键控（FSK）、Sweep。

存储器部分包括 4 个存储部分，分别为 #0～#3，#0 为系统默认存储器。

触发方式包括 Auto/Single，只适合 Burst 和 Sweep 调制器。

数据显示屏幕设置如下。

显示电压：共采用三个模式，分别是 Vpp、Vrams 和 dBm。

编辑数字化数值：可通过鼠标单击按钮、数字键或使用旋钮、输入数字键直接输入数值。

菜单部分如下。

1）调制菜单：AM 波形、FM 波形、Burst CNT、Burst 率、Burst 相位、FSK 频率、FSK RATE。

2）扫描菜单：开始频率（Start F）、停止频率（Stop F）、扫描时间（SWP Time）、扫描模式（SWP Mode）。

3）编辑菜单：新建任意波形（New Arb）、点（Points）、线形编辑（Line Edit）、点编辑（Point Edit）、转换（Invert）、另存为（Save as）、删除（Delete）。

4）系统菜单：Comma。

在 Multisim 14 中，该信号发生器不支持的功能包括：①远程模式；②后面板连接终端；③自检；④硬件错误检测。

2. 安捷伦示波器

安捷伦技术仿真产品 54622D 示波器是一个 2 通道+16 逻辑通道、100 MHz 带宽的高性能示波器，如图 9-26 所示。

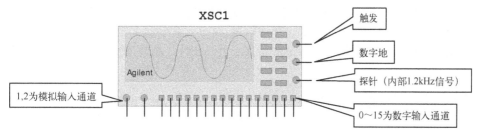

图 9-26　安捷伦示波器图标

安捷伦示波器使用步骤如下。

1）单击安捷伦万用表工具按钮，将其图标放置在工作区，并双击图标打开仪器操作界面，如图 9-27 所示。单击该仪器上的电源开关。

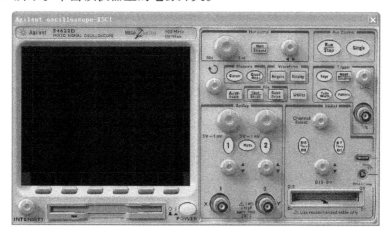

图 9-27　安捷伦示波器使用界面

2）按下面的引脚连接要求连接仪器图标。

Agilent 54622D 面板介绍如下。POWER 为示波器的电源开关，INTENSITY 为灰度调节旋钮。

POWER 和 INTENSITY 中间部分为软驱，软驱上方的一排按钮为设置参数的软按钮，按钮上方为示波器的显示屏幕。Horizontal 区为时基调整区，Run Control 区为运行控制区，Trigger 区为触发区，Digital 区为数字通道调整区，Analog 区为模拟通道调整区，Measure 区是测量控制区，Waveform 区是波形调整区。

Agilent 54622D 主要功能如下。

运行模式：自动、Single、Stop。

触发模式：Auto、Normal、Auto-level。

触发类型：边沿触发、脉冲触发、模式触发。

触发源：模拟信号、数字信号、外部触发信号。

显示模式：主模式、延时模式、滚动模式、XY 轴模式。

信号通道：2 模拟通道、1 数学通道、16 数字通道、1 个用于测试的探针信号。

光标：4 个光标。

数学通道：傅里叶变换（FFT）、相乘、相除、微分、积分。

测量：光标信息、采样信息、频率、周期、峰-峰、最大值、最小值、上升时间、下降时间、占空比、有效值（RMS）、宽、平均值等。

显示控制：向量/点形轨迹（Vector/point on traces）、轨迹宽、背景色、面板色、栅格色、光标色。

Auto-scale/Undo：是。

打印轨迹图：是。

文件操作：将数据保存为 DAT 格式文件，可以转换并显示在系统图形窗口。

3. 泰克示波器

泰克示波器 TDS 2024 是一个 4 通道、200 MHz 的示波器，其图标如图 9-28 所示。该仪器支持的功能如下。

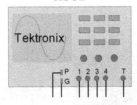

图 9-28 泰克示波器图标

运行模式：自动模式、单个运行模式、停止。

触发模式：自动模式、正常模式。

触发类型：边沿触发、脉冲触发。

触发源：模拟信号、外部触发信号。

信号通道：4 模拟通道、1 数字通道、用于测试的 1MHz 的探针信号。

光标：四个光标。

测量内容：光标信息、频率、周期、峰-峰、最大值、最小值、上升时间、下降时间、有效值、平均值。

显示控制：向量/点、颜色对比控制。

TDS 2024 面板如图 9-29 所示，其操作界面介绍如下。

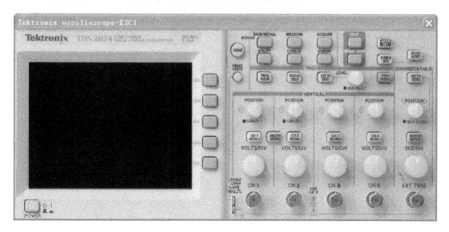

图 9-29　泰克示波器使用界面

Run/Stop 按钮：开始或停止对多个触发信号的采样。

SingleSeq 按钮：对单个触发信号采样。

Trig View 按钮：查看电流触发信号和触发水平。

Force Trig（强制触发）按钮：立即开始触发信号。

Set to 50%按钮：将触发水平改变到触发信号的平均值。

Set to Zero 按钮：将时间偏置位置设置为 0。

Help 按钮：进入仪器仪表帮助主题。

Print 按钮：将图形图表送入打印机打印。

Soft Menu 按钮：支持如下对应的 11 种功能。

①Save/Recall MENU，保存或重置菜单；②measure MENU，测量菜单；③acquire MENU 数据采集菜单；④auto set MENU，自动设置菜单；⑤utility MENU，通用程序设置菜单；⑥cursor MENU，光标设置菜单；⑦display MENU，显示设置菜单；⑧default setup MENU，默认启动设置菜单；⑨channel MENU，通道设置菜单；⑩math channel MENU，数学引导菜单；⑪horizontal MENU，水平设置菜单。

9.4　Multisim 14 的分析方法

9.4.1　Multisim 14 的分析菜单

在 NI Multisim 软件中执行"Simulate"→"Analyses and Simulation"命令，或单击设计工具栏中的 Interactive 按钮，便可打开 Multisim 的分析方法菜单，如图 9-30 所示，单击所需要的命令即可。

当仿真分析在运行的时候，仿真运行指示会出现在状态栏中，直至分析完成才会停止闪烁。如需查看分析结果，则只需执行"View"→"Grapher"命令。Grapher 是一个多用途的显示工具，可以用来查看、调整、保存和导出图形图表。它显示的内容包括：

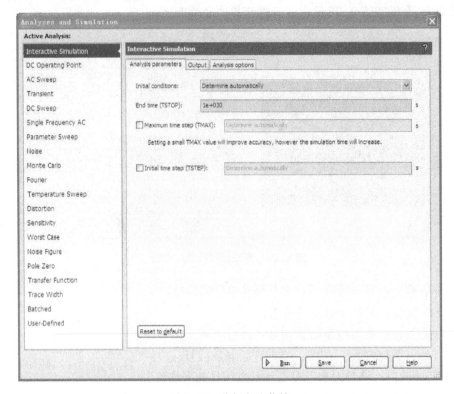

图 9-30　分析方法菜单

1）所有 Multisim 分析的图形和图标结果。

2）一些仪器仪表的运行轨迹图形（例如后处理的运行结果、示波器及波特图示仪）。

在使用仿真分析方法时应该注意每个分析中能设置的指定选项：

1）分析参数（所有的默认数值）。

2）多少个输出变量将要处理（必须了解）。

3）分析的主体（可选）。

4）分析选项的自定义值（可选）。

5）分析方法的设置将保存于当前仿真中或者保存为今后仿真均可直接调用的设置。

6）分析方法菜单中包含了直流工作点分析、交流分析、瞬态分析、傅里叶分析、噪声分析等分析方法。下面重点讨论直流工作点分析和交流分析。

9.4.2　直流工作点分析

直流工作点分析用于计算电路的静态工作点。在进行该项分析时，电路中的交流量设定为零，交流电压源设定为短路，交流电流源设定为开路，且电容开路、电感短路、数字元件被作为电阻接地，直流分析的结果通常都可用于电路的进一步分析，例如，在暂态分析和交流小信号分析之前，程序将自动进行直流工作点分析，以确定暂态的初始条件和交流小信号情况下非线性器件的线性化模型参数。

以图 9-31 所示的电路为例，单击"Simulate"→"Analyses and Simulation"→"DC

Operating Point Analysis"命令，将弹出"DC Operating Point"对话框，下面进行直流工作点分析。

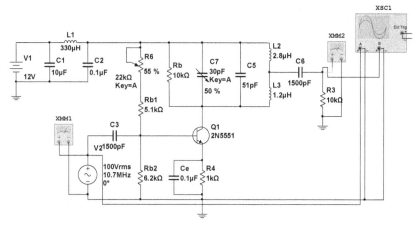

图 9-31　高频小信号调谐放大器电路

该对话框包括 Output、Analysis options、Summary 共三个选项卡，具体说明如下。

（1）Output 选项卡：选择所需要分析的节点

Variables in circuit 栏中列出了电路中可用于分析的节点和变量。单击该栏中的下拉列表的选项，可以对变量类型进行选择，如图 9-32 所示。

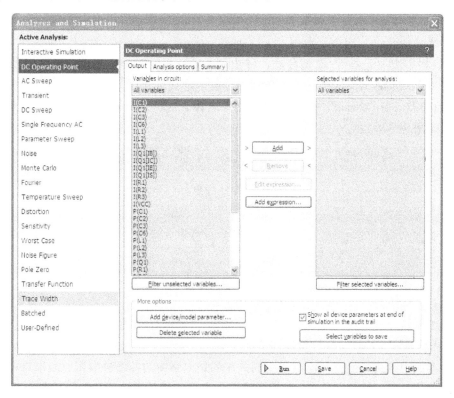

图 9-32　分析的节点和变量

单击 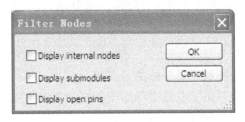 可看到其下拉列表中的类型选项分别如下。

Circuit Voltage and current：选择电路电压和电流变量；

Circuit Voltage：选择电路电压变量；

Circuit current：电路电流；

Digital signals：数字信号；

Device/Model parameters：仪器/模型参数；

Expressions：表示方式；

Circuit parameters：电路参数；

probes：静态探针；

All variables：选择电路中的所有变量。

Filter unselected variables：单击该按钮可以打开"Filter Nodes"对话框，可增加一些未被选择的变量。如图9-33所示，"Display open pins"的意思是显示开路的引脚。

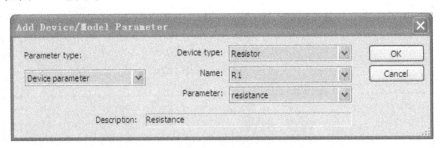

图9-33 "Filter Nodes"对话框

在"More options"区中，单击"Add device/model parameter"按钮，可以在"Variables in circuit"栏中增加元器件/模型参数，弹出"Add Device/Model Parameter"对话框。接着便可以在"Parameter type"栏内选择要增加参数的形式，并在"Device type"栏中指定元器件/模型的种类、在"Name"栏中指定元器件名称、在"Parameter"栏中指定所需要使用的参数，如图9-34所示。

![Add Device/Model Parameter对话框]

图9-34 "Add Device/Model Parameter"对话框

如果要删除通过"Add device/model parameter"按钮已选择增加的变量，选中该变量，单击"Delete selected variable"按钮即可。

对于本例中电路的静态工作点，我们关注的是电路中的各部分电压，所以选择电压为输出节点的分析对象，按住〈Ctrl〉键的同时选中电压，然后单击"Add"按钮，可将其加到右侧的列表框中，如图9-35所示。

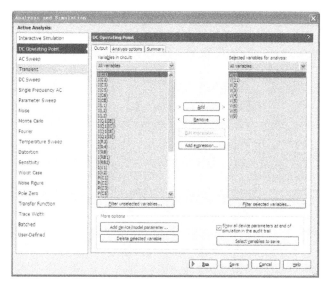

图 9-35　静态工作点节点设置对话框

（2）Analysis options 选项卡：设置分析选项

如图 9-36 所示，"SPICE options"栏：设置 Spice 模型参数。"Use Multisim defaults"项为选择系统给出的默认参数；"Use custom settings"项为选择用户自定义模型参数，可通过单击"Customize"按钮进行定义，用户自定义对话框如图 9-37 所示。

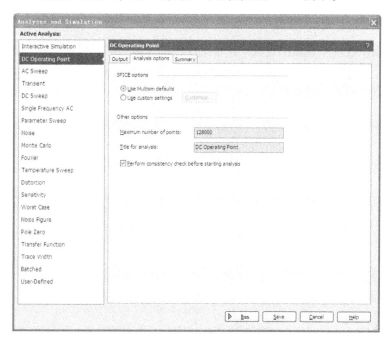

图 9-36　"Analysis options"选项卡

单击"Restore to recommended settings"按钮恢复设置。

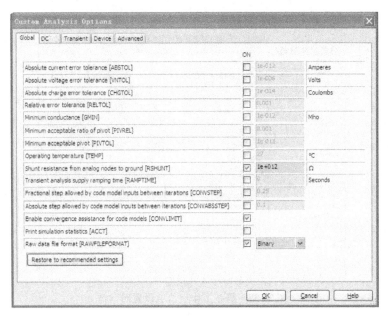

图 9-37　用户自定义对话框

（3）Summary 选项卡：汇总并确认分析设置

该页给出了程序设定的参数和各个选项，可供用户确认、检查。确认后单击"Simulate"按钮即可进行仿真。如果不马上进行分析，只是保存设定的话，单击"OK"按钮即可，如图 9-38 所示。

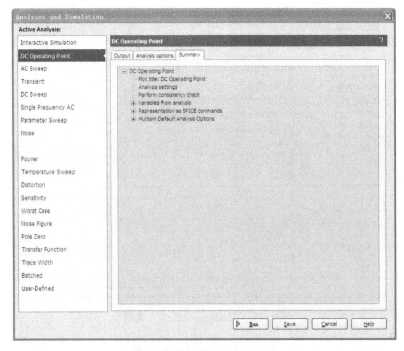

图 9-38　"Summary"选项卡

设置完成后，单击"Run"按钮就可以开始仿真了。仿真结果如图9-39所示，与理论计算的结果基本一致。

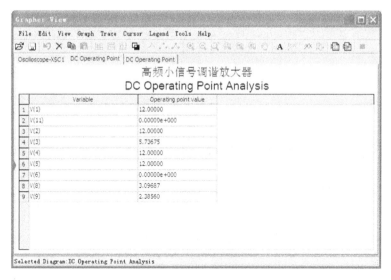

图9-39　直流分析仿真结果

9.4.3　交流分析

交流分析（AC Analysis）用于分析电路的小信号频率响应。在分析时，程序会自动对电路进行直流工作点分析，以便建立电路中非线性元件的交流小信号模型，直流电源置零、交流信号源、电容和电感等均处在交流模式，如电路中存在数字元件，则将其视作一个接地的大电阻。将正弦波设定为输入信号，事实上无论电路中输入的是何种信号，分析时都会自动以正弦波替代，并且信号频率也替换为设定范围内的频率。

执行"Simulate"→"Analyses and Simulation"→"AC Sweep"命令，打开"AC Sweep"对话框，如图9-40所示。

"AC Sweep"对话框共包含4个选项卡，其中"Frequency parameters"选项卡的内容如下。

Frequency parameters：设置频率参数。

Start frequency（FSTART）：用于设置交流分析的起始频率。

Stop frequency（FSTOP）：用于设置交流分析的停止频率。

Sweep type：用于设置交流分析的扫描方式。Decade 代表十倍程扫描，Octave 代表八倍程扫描，Linear 代表线程扫描，Logarithmic 代表对数扫描。通常采用 Decade 方式，以对数方式显示。

Number of points per decade：设置某个倍数频率的取样数量，默认值为10。

Vertical scale：选择输出波形的纵坐标刻度。其下拉列表中的选项包括：Decibel（分贝）、Octave（八倍）、Linear（对数）。一般情况下均采用 Logarithmic 和 Decade 两选项。单击 Reset to default 按钮恢复为默认值。

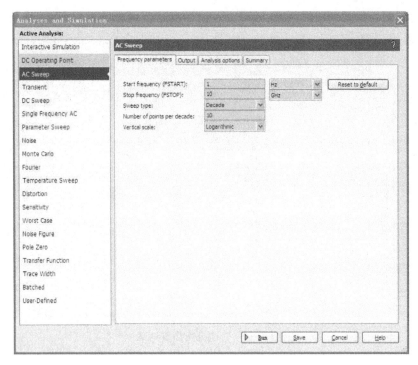

图 9-40 "AC Sweep" 对话框

Output、Analysis options、Summary 选项卡内容的说明与直流工作点分析对话框相同。按照图 9-41 所示完成 "Frequency parameters" 选项卡的设置，Output 设置为 V(4)，单击 "Run" 按钮，弹出如图 9-42 所示的交流分析结果的窗口。

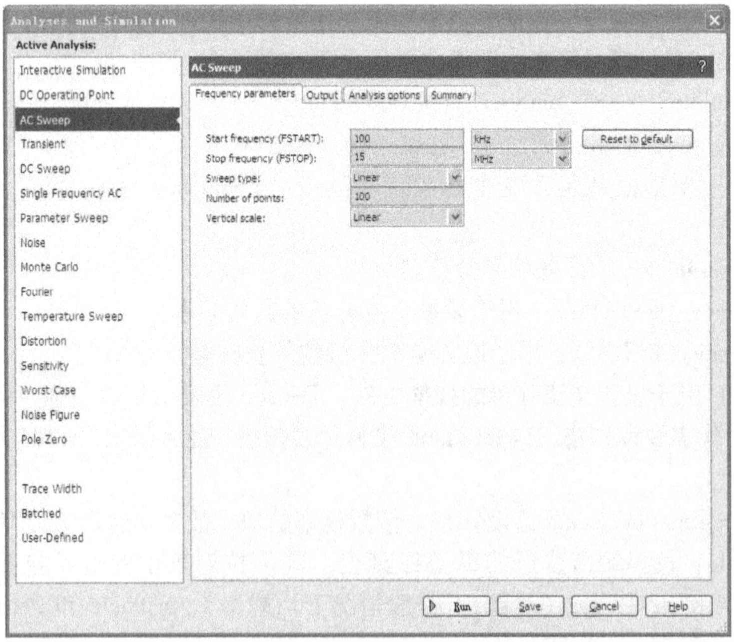

图 9-41　交流分析设置对话框

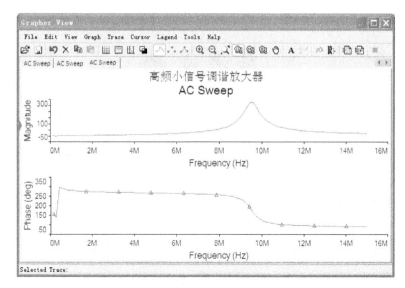

图 9-42　交流分析结果

参 考 文 献

[1] 张肃文，等．高频电子线路［M］．北京：高等教育出版社，2009．

[2] 胡宴如，等．高频电子线路［M］．北京：高等教育出版社，2009．

[3] 于洪珍，等．通信电子电路［M］．北京：清华大学出版社，2005．

[4] 曾兴雯．高频电子线路［M］．北京：高等教育出版社，2004．

[5] 朱昌平，等．高频电子线路实践教程［M］．北京：电子工业出版社，2016．

[6] 杨霓清，等．高频电子线路实验及综合设计［M］．北京：机械工业出版社，2009．

[7] 高吉祥，等．高频电子线路［M］．北京：电子工业出版社，2007．

[8] 高吉祥，等．高频电子线路设计［M］．北京：电子工业出版社，2007．

[9] 康小平，等．高频电子线路实验［M］．西安：西安电子科技大学出版社，2009．

[10] 刘国华，等．通信电子线路实践教程［M］．北京：电子工业出版社，2015．

[11] 杨福宝，等．通信电子线路设计［M］．武汉：武汉大学出版社，2013．

[12] 胡宴如，等．高频电子线路实验与仿真［M］．北京：高等教育出版社，2009．

[13] 聂典，等．Multisim 12 仿真设计［M］．北京：电子工业出版社，2014．

[14] 吕波，等．Multisim 14 电路设计与仿真［M］．北京：机械工业出版社，2016．